머리말

이 책은 국가공인 반려견스타일리스트 자격검정을 준비하는 수험자들을 위하여 제작된 애견미용 안내서입니다.

목차와 같이 본문은 3급, 2급, 1급의 기술시현을 위한 모든 클립을 수록하고 있으며, 현재 시행 중인 실기시험의 규정을 그대로 반영하였습니다. 수험자가 새로운 클립을 처음 접할 때 어렵지 않게 도전할 수 있도록 클립별 체계적인 작업순서와 상세한 설명을 포함하였습니다.

첫 클립은 애견미용의 기초가 되는 램 클립(3급)부터 안내하였고, 수험자가 작업순서에 따라 차근차근 작업해 본다면 다음 클립은 더 쉽게 완성해 낼 수 있을 것입니다. 능숙한 기술시현에 있어서 작업시간 단축이 중요하고, 이에 따라 모든 작업 과정에서 불필요한 행위를 제거하였고, 보다 쉽고 단순한 작업방법을 안내하고자 노력하였습니다.

국가공인 반려견스타일리스트 자격검정에 도전하시는 여러분을 응원하며, 실기시험에서 좋은 결과가 있으시기를 간절히 기원합니다.

마지막으로, 반려동물 선진문화를 위하여 항상 든든하게 앞장서 주시는 사단법인 한국애견협회에게 깊은 감사를 드리며, 미래의 국가공인 반려견스타일리스트를 위하여 유익한 책이 출판될 수 있도록 도와주신 다락원 출판사의 모든 임직원분들에게 진심으로 감사드립니다.

저자 일동

# 실기 시험 소개

출처:(사)한국애견협회

1 검정기준

등급	응시자격
사범 (비공인)	반려견 미용에 관한 이론 지식과 더불어 관련 교육프로그램에 포함되어 있는 최고급 지식을 이용하여 반려견 미용에 활용하고 실무에 적용 할 수 있는 능력의 유무
1급 (공인)	반려견 장모관리, 쇼미용에 관한 이론 지식과 더불어 관련 교육프로그램에 포함되어 있는 고급 지식을 이용하여 반려견 미용에 활용할 수 있는 능력의 유무
2급 (공인)	반려견 염색, 응용미용에 관한 이론 지식과 더불어 관련 교육프로그램에 포함되어 있는 상급 지식을 이용하여 반려견 미용에 활용할 수 있는 능력의 유무
3급 (공인)	반려견 안전위생관리, 기자재관리, 고객상담, 목욕, 기본미용, 일반미용에 관한 이론 지식과 더불어 관련 교육프로그램에 포함되어 있는 중급 지식을 이용하여 반려견 미용에 활용할 수 있는 능력의 유무

2 검정 방법 및 합격 기준

검정방법	검정시행 형태	합격기준
실기시험	위그를 이용한 기술시현	100점 만점에 60점 이상 취득

3 실기 검정과목

등급	시험기간	시험과목(문항)	시험방법 실기:위그사용
사범 (비공인)	기술시현(90분)	반려견쇼미용	1 잉글리쉬새들클립 2 컨티넨탈클립 3 퍼피클립
1급 (공인)	기술시현(120분)	반려견쇼미용	1 잉글리쉬새들클립 2 컨티넨탈클립 3 퍼피클립
2급 (공인)	기술시현(120분)	반려견응용미용	1 맨하탄클립 2 볼레로맨하탄클립 3 소리터리클립 4 다이아몬드클립 5 더치클립 6 피츠버그더치클립
3급 (공인)	기술시현(120분)	반려견일반미용	1 램클립

반려견 스타일리스트

실기

4. 시험관리정보

자격명	반려견스타일리스트
자격발급기관	(사)한국애견협회 http://pskkc.or.kr/
자격의 종류	공인민간자격(부분공인)
등록번호	**[등록번호]** 2008-0630 **[공인번호]** 농림축산식품부 2019-1호 **[공인]** 1급, 2급, 3급 **[비공인]** 사범
자격유효기간	5년
총비용	**[응시료]** 필기시험 5만원, 실기시험 5만원 **[발급비]** 3급 5만원, 2급 7만원, 1급 10만원, 사범 25만원

※ 전화: 02-2265-3349, 이메일: pskkc@naver.com

5. 응시자격

등급	세부내용
사범 (비공인)	연령, 학력 : 제한 없음 기타 : 1급 자격 취득 후 3년간의 실무경력이 있는 자
1급 (공인)	연령, 학력 : 제한 없음 기타 : 2급 자격 취득 후 1년 이상의 실무경력 또는 교육 훈련을 받은 자
2급 (공인)	연령, 학력 : 제한 없음 기타 : 3급 자격 취득 후 6개월 이상의 실무경력 또는 교육 훈련을 받은 자
3급 (공인)	연령, 학력, 기타 : 제한 없음

🐩 수험자 유의사항

다음은 원활한 검정 진행과 공정한 평가를 위한 중요 사항입니다. 응시 전 충분히 숙지바랍니다.
의문 사항이 있으시면 언제든지 수험자 본인의 메일로 문의바랍니다(협회 전용메일:pskkc@naver.com)

1 시험당일 공통 사항

1) 신분증 지참

▶ 신분증엔 이름, 사진, 생년월일 3가지가 반드시 표시되어 있어야 합니다.

▶ 다음 시점까지 제시하지 못하면 응시할 수 없습니다.

① 필기시험: 시험시작 시점까지

② 실기시험: 시험시작 30분 전까지

사용 가능한 신분증(만 18세 이상 성인)	응시불가 사례
* 주민등록증/주민등록증 발급신청 확인서 * 운전면허증, 국가자격증, 국가기술자격증, 국가공인민간자격증, 여권 * 모바일 신분증(주민등록증, 운전면허증) 경우 직접 앱에서 생성된 화면만 유효하며, 신분증 검사 전 시험감독 또는 보조요원에게 사전에 알림 필요	– 복사한 것 – 휴대전화로 촬영한 것 – 캡쳐한 것 – 대학생, 대학원생 학생증 – 유효기간이 만료된 것 – 이름, 사진, 생년월일, 학교직인 중 어느 하나라도 없는 학생증·재학증명서
사용 가능한 신분증(만 18세 미만)	
* 학생증/청소년증/청소년증 발급신청 확인서/여권 * NEIS 재학증명서(1년 이내 발급)	

요건을 충족한 신분증이 없는 수험자는 주민센터에서 발급받은 「청소년증 발급신청 확인서」 또는 「주민등록증 발급신청 확인서」 원본을 지참 바랍니다.

2) 수험표 지참

수험표가 없으면 수험자 본인의 시험실 확인이 어렵고 필기시험 답안지에 수험번호 표기 시 잘못 기재할 염려가 있습니다.

3) 입실시간 준수

시험시작 전 유의사항과 제반 요령에 대해 설명하고 수험자 확인, 준비물 사전 검사(실기시험)를 합니다.

4) 감독위원 안내 경청 및 준수

감독위원은 규정에서 정한 내용과 절차에 따라 안내합니다. 감독위원의 안내 사항을 거부하거나 소란을 야기할 경우 향후 응시가 제한될 수 있 습니다.

5) 휴대폰은 OFF

시험실내에서 휴대폰 전원은 반드시 OFF 바랍니다.

6) 스마트워치 반입금지

녹음, 촬영, 메시지 수발신 등의 기능이 있는 전자기기는 사용하거나 반입할 수 없습니다.

7) 한시적 적용

코로나 사태가 종식될 때까지 반드시 입실시 발열체크, 손소독제 사용, 마스크 착용을 의무화 합니다. 또한 페이스쉴드, 위생장갑 착용을 허용합니다.

2 실기시험 유의사항

1) 위그 이용

이는 평가의 기본인 객관성과 공정성을 기하고 동물복지를 위함입니다. 실견을 이용한 평가는 다음과 같은 문제로 동일한 조건의 기술시현 자체가 불가능합니다.

    ① 수험자별로 사용하는 견종, 견체의 크기와 비율이 다릅니다.

    ② 수험자별로 사용하는 털의 방향, 모량, 길이, 굵기, 질감이 다릅니다.

    ③ 수험자별로 사용하는 개의 성격이 다릅니다.

    ④ 모든 개들이 시험 준비 단계부터 제대로 먹거나 마시질 못하고 좁은 공간에서 장시간 밀집 상태로 있어 질병 감염의 우려가 있습니다.

2) 수험자 유의사항과 준비물 기준 숙지

관련 기준을 항목별로 그리고 삽화, FAQ 형식으로도 자세히 안내하고 있습니다. 수험자 자신이 충분히 숙지하시기 바랍니다.

3) 기타 유의사항

다음 사항 참조 바랍니다.

    ① 미용도구는 사전에 충분히 충전

    ② 준비물 검사 개시 이후에는 수정이나 보완 불가

    ③ 준비물은 수험자가 준비한 것으로 시험감독이 검사한 것만 사용 가능

    ④ 감독위원의 안내 사항을 경청하고 준비물 사전 검사 전 보완 완료

    ⑤ 왼손잡이도 오른손잡이와 동일한 방향으로 작업

    ⑥ 테이블에 암 및 매트 설치 불가

    ⑦ 의자에 앉거나, 바닥에 앉은 자세나 무릎을 꿇고 작업 금지

    ⑧ 실견을 미용한다는 개념을 갖고 작업

    ⑨ 시험시작 전과 시험종료 후 사진 촬영에 협조

    ⑩ 채점 제외의 경우에도 검정료 환불은 없음

    ⑪ 미용작업 중 테이블 위에 미용도구 보관 금지

    ⑫ 수험자 확인 후 신분증, 수험표를 미용테이블이나 바구니에 보관 금지

    ⑬ 미용작업에 필요한 것 이외의 물건은 별도 장소에 보관

    ⑭ 시험실에 반입하는 모든 물품 (가방류 및 소지품 포함)에 소속, 이름 및 이를 의미하는 로고 등 표시 금지

※실기시험 수험자 유의사항은 지속적으로 업데이트가 되오니, "국가공인 반려견스타일리스트" 홈페이지를 검색하여 참고하시길 바랍니다. (http://pskkc.or.kr)

🐩 실기 채점 제외 및 감점 기준

준비물 기준을 준수하여 시험에 임하여 주십시오.
준수하지 않았을 경우에는 채점대상에서 제외 또는 감점을 받을 수 있음을 인지하여 주시기 바랍니다.

1 수험자 준비물 기준은 다음과 같이 요약됩니다.

1) 색상

    ① 검정색: 가운, 머리끈, 눈·코·몸에 착용하는 가위집, 위그용 밴드

    ② 하얀색: 위그, 견체, 바구니, 마스크

    ③ 살색: 몸에 부착한 밴드

2) 무늬, 표기, 부착물 금지

3) 머리끈·헤어핀외 다른 액세서리 착용 금지

4) 【선택】 선택한 수험자에게만 적용

5) 시험실에 반입하는 모든 물품(가방류 및 소지품 포함)에는 소속 이름 등 표기 금지

6) 견체, 위그 등 준비물은 파손, 훼손 등이 없는 상태로 지참

2 다음 유형은 채점 대상에서 제외하고 0점으로 처리합니다.

1) 위그, 꼬리털

    ① 색상이 하얀색이 아닌 경우

    ② 사전 작업한 흔적이나 작업 도움을 줄 수 있는 표시가 있는 경우

    ③ 털 길이가 기준에 미달하는 경우

    ④ 위그나 꼬리털을 누락한 경우

    ⑤ 이름, 단체명, 이니셜 등이 표시된 경우

2) 견체 및 꼬리뼈

    ① 견체와 꼬리뼈가 하얀색이 아닌 경우

    ② 견체나 꼬리뼈를 누락한 경우

    ③ 이름, 단체명, 숫자, 이니셜 등이 표시된 경우

    ④ 작업에 도움을 줄 수 있는 위치 표시가 있는 경우

3) 눈, 코

    ① 검정색이 아닌 경우

    ② 눈, 코를 누락한 경우

    ③ 이름, 단체명, 숫자, 이니셜 등이 표시된 경우

4) 가운

    ① 가운을 착용하지 않은 경우

    ② 색상이 검정색이 아닌 경우

    ③ 이름, 단체명, 숫자, 이니셜 등이 표시된 경우

5) 액세서리

① 녹음, 촬영, 통신 중 한 가지라도 가능한 시계, 전자기기를 착용·보유한 경우

② 이름, 단체명, 숫자, 이니셜 등이 표시된 경우

6) 미용도구

① 이름, 단체명, 숫자, 이니셜 등이 표시된 경우

7) 미용작업

① 시험 도중 시험실을 무단으로 이탈한 경우

② 준비물 검사 종료 이후 위그의 찢어짐, 훼손이 발견된 경우

③ 준비물 검사 종료 이후 견체의 파손이 발견된 경우

④ 패턴을 이용하여 작업한 경우

⑤ 시험과제와 다른 클립을 작업한 경우

⑥ 3급 수험자가 블런트 가위가 아닌 가위 사용

⑦ 실견이라면 할 수 없는 방식으로 모델견을 취급하거나 미용작업을 한 경우

⑧ 작업 중 작업하지 않는 손이 5회 이상 모델견을 보정하지 않은 경우

⑨ 작업 중 모델견 발 3개 이상이 테이블 바닥으로부터 5회 이상 떨어진 경우

⑩ 작업 중 모델견 머리 방향을 바꾸거나 견체를 심하게 이동 시킴이 3회 이상인 경우

⑪ 작업 중 모델견이 테이블에서 3회 이상 넘어진 경우

⑫ 모델견(꼬리 제외)이 테이블에서 바닥으로 2회 이상 떨어진 경우

⑬ 다른 수험자의 도움을 받거나 다른 수험자와 대화 또는 시험을 방해한 경우

⑭ 길이가 표시된 도구를 사용하는 경우

8) 기타

가) 준비물 검사 시작 이후 신분증, 수험표, 전화기, 유인물 등을 미용 테이블이나 도구함에 보관한 경우

3 다음 유형은 감점으로 처리합니다.

구분	번호	유형	감점
위그/ 꼬리털	1	☑ 준비물 검사시 파손되거나 훼손된 부위가 있음	5
	2	☑ 체결 부위(벨크로, 단추, 후크 등)가 하얀색이 아님 ☑ 체결 부위를 하얀색 실이 아닌 것으로 꿰맴 ☑ 준비물 검사시 2개 이상 제시함	5
	3	☑ 밴드가 검정색이 아님 ☑ 귀, 발, 꼬리 부위 밴딩이 한 개라도 누락됨	5
	4	☑ 꼬리위치 표시 방식이 기준과 다름	5
	5	☑ (1급,사범) 셋업 부위 털 밴딩이 기준과 다름	5
	6	☑ 위그 털의 일부가 조직에 박혀 있거나 모량이 확연하게 부족한 부위가 있음	10
	7	☑ 작업위치 표시가 아닌 부착물이나 색상이 있음	10

견체/ 꼬리뼈	1	☑ 견체에 표시된 로고, 상표 등이 위그 밖으로 보임 ☑ 준비물 검사시 파손되거나 훼손된 것이 있음 ☑ 준비물 검사시 2개 이상 제시함	5
	2	☑ 작업 위치 표시가 아닌 부착물이나 색상이 있음	10
	3	☑ 발바닥 패드가 검정색이 아니거나 4개 이상임 ☑ 발바닥에 찍찍이(벨크로)나 접착력이 있는 패드 부착 ☑ 발바닥이나 패드 바닥에 접착력이 있는 물질을 바름	5
눈·코	1	☑ 모양이 다름 ☑ 이름, 단체명, 숫자, 이니셜이 아닌 기타 표시가 있음	5
복장	1	☑ 가운에 TAG, 부착물, 색 표시 등이 있음	5
	2	☑ 가운 외부에 의류를 착용함 ☑ 가운안에 입은 옷이 검정색이 아님	5
	3	☑ 가운이 상의와 긴바지 형태가 아님	5
액세서리	1	☑ 귀걸이, 목걸이, 반지, 팔찌, 피어싱 등을 착용함	5
	2	☑ 헤어핀이나 머리끈에 장식이 있거나 검정색이 아님 ☑ 모자나 두건 등을 착용함	5
	3	☑ 손톱에 색이 있는 매니큐어, 네일아트, 붙이는 손톱 등	5
	4	☑ 마스크가 하얀색이 아님	5
	5	☑ 몸에 부착한 밴드가 살색이 아님 ☑ 착용한 토시가 검정색이 아님	5
	6	☑ 최종 시험종료 선언 이전에 녹음,촬영,통신기능이 있는 전자기기 울림 ☑ 몸에 소지하지 않은 휴대폰이 켜져 있음	5
	7	☑ 이름, 단체명, 숫자, 이니셜이 아닌 새김, 표시가 있음	5
미용도구	1	☑ 이름, 단체명, 숫자, 이니셜이 아닌 새김, 표시가 있음 ☑ 길이가 표시된 제반 도구 보유	5
	2	☑ 몸에 착용하는 가위집에 표기, 무늬가 있거나 검정색이 아님	5
	3	☑ (바구니) 지참하지 않음/ 하얀색이 아님 ☑ (바구니) 규격이 상이함/ 표시나 모양이 있음	5
미용작업	1	☑ 귀 밴드를 완전히 제거하지 않고 귀를 컷트함	5
	2	☑ 작업 종료 선언 이후에도 미용작업·손질함	10
	3	☑ 작업 중 수험자가 상처를 입음	10
	4	☑ 작업 중 작업하지 않는 손이 모델견을 보정하지 않음	1/회
	5	☑ 작업 중 모델견 발 3개가 동시에 테이블에서 떨어짐	1/회
	6	☑ 작업 중 모델견 머리 방향 바뀜/ 견체를 심하게 이동	1/회
	7	☑ 작업 중 모델견(꼬리 제외)이 바닥으로 떨어짐	1/회
	8	☑ 작업 중 모델견이 테이블에서 넘어짐	1/회

🐩 위그, 견체, 눈, 코, 꼬리(털) 기준

위그, 견체, 눈, 코, 꼬리에 대한 기준입니다.
【선택】표기 부분은 수험자가 선택 시 이에 대한 기준이며 【선택】표기가 없는 모든 사항은
모든 수험자가 반드시 지켜야 할 준수 사항입니다.
「고객센터-자주하는 질문」도 참조 바랍니다.
교육기관이나 미용에 관심이 있는 분들의 질의 사항을 정리해서 수시로 업데이트하고 있습니다.

---

1 위그 및 견체모형

① 위그 (시험실 입실 전 브러싱 완료)와 견체 모형은 모두 수험자가 지참하고 시험실에 입실.
　위그의 체결 방식은 단추, 걸이, 벨크로 등 제한 없음
② 위그 (귀, 꼬리털, 체결부위 포함)와 견체모형, 꼬리뼈는 모두 하얀색에
　어떠한 패턴, 표시, 표기, 부착물, 훼손, 변형 금지
　※ 모량이나 밀도가 외관상 일정한지 점검. 일정하지 않을 경우 작업 위치 사전 표시
　　여부로 논란이 될 수 있음
③ 견체 모형(꼬리뼈 포함)은 하얀색의 딱딱한 재질에 모든 다리 부위가
　움직일 수 있어야 하고 부착물, 표시, 표기가 없어야 하며 훼손 또는
　변형 금지
　※ 구매 시점이나 방법 (인쇄, 부착 등)에 관계없이 일체의 표시나 부착물 금지
　　(예: 제조업체명, 상표명, 로고 등)
④ 【선택】 배의 벨크로 부분을 꿰맬 필요가 있을 경우 하얀색 실만 사용
⑤ 시험실의 테이블에서 위그의 머리는 수험자의 오른손 방향에 위치

2 털길이(잡아당김 없이 자연 상태에서의 최소 길이)

① 사범, 1급: 머즐, 셋업부위, 메인코트는 13cm 이상. 기타 부위는 7cm 이상
② 2급, 3급: 모두 7cm 이상

3 눈, 코, 꼬리 및 꼬리털

① 모두 준비해서 입실
② 눈은 아몬드형, 코는 입술이 없는 검정색만 허용

③ 꼬리털은 견체에 검정색 밴드로 고정하고, 작업은 견체에 부착 후 시작
　※【선택】
　◆ 눈, 코 장착: 글루건이나 본드 사용
　◆ 꼬리위치 표시: 해당부위 털을 1cm x 1cm 이내의 크기로 밴딩(검정색)

---

4 귀털/밴딩

1) 다음과 같이 사전에 준비하여 시험실에 입실

    ① 양 갈래로 묶는 것만 허용 (땋거나 코반 등 사용 금지)

    ② 양쪽 귀를 따로 밴딩

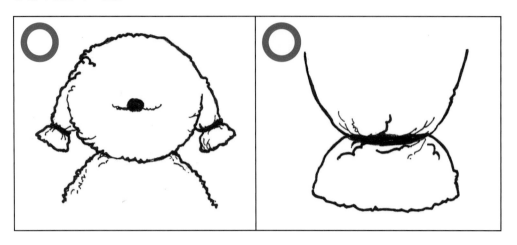

    ③ 쇼미용은 셋업 부위의 털을 한 개로 밴딩

        (이미지너리 라인의 구분은 패턴 표시로 간주될 수 있으므로 눈이 가려지도록 밴딩)

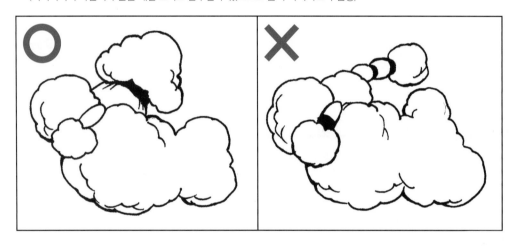

2) 귀의 털을 머리위로 묶는 것 금지

5 발/다리

1) 모든 다리 부위의 털은 견체의 발목부위에 검정색 밴드로 고정

　※【선택】수평유지 등 필요 시 총 3개 이하의 발바닥 부위에 발바닥 보다 작은 크기로 검정색 패드 부착

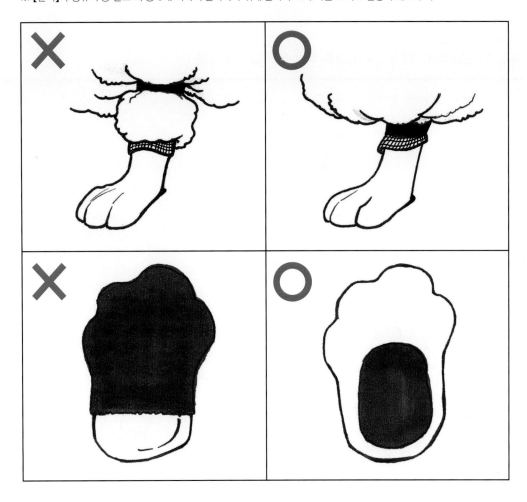

6 밴드

　모델견용 모든 밴드는 실견에 통상적으로 사용하는 재질의 검정색

🐩 반려견 스타일리스트 위그 기준

1 모장: 3급, 2급 - 7㎝ 이상 / 사범, 1급 - 7㎝, 13㎝ 이상
2 모량: 모량은 간격이 고르고 조밀해야함
3 눈, 코, 꼬리, 꼬리털 4가지 반드시 지참
4 위그, 견체, 꼬리, 꼬리털은 하얀색 (일체의 표식, 이름, 색칠, 패턴, 표시 등 금지)

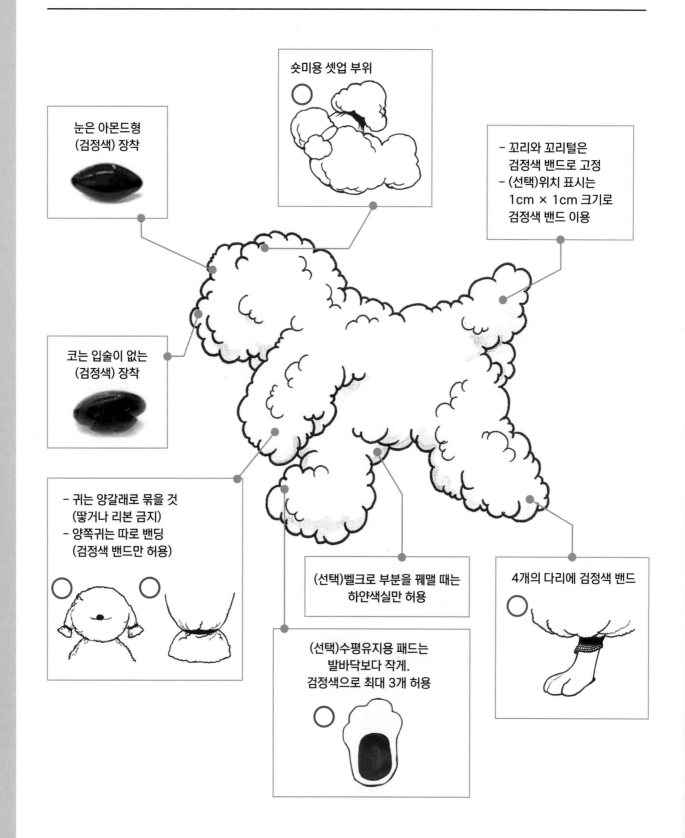

눈은 아몬드형
(검정색) 장착

숏미용 셋업 부위

- 꼬리와 꼬리털은
  검정색 밴드로 고정
- (선택)위치 표시는
  1cm × 1cm 크기로
  검정색 밴드 이용

코는 입술이 없는
(검정색) 장착

- 귀는 양갈래로 묶을 것
  (땋거나 리본 금지)
- 양쪽귀는 따로 밴딩
  (검정색 밴드만 허용)

(선택)벨크로 부분을 꿰맬 때는
하얀색실만 허용

4개의 다리에 검정색 밴드

(선택)수평유지용 패드는
발바닥보다 작게.
검정색으로 최대 3개 허용

🐩준비물 및 복장 기준

1 미용도구, 바구니 기준

미용도구 기준은 다음과 같습니다.
【선택】표기 부분은 수험자가 선택 시 이에 대한 기준이며 【선택】표기가 없는 모든 사항은 모든 수험자가 반드시 지켜야 할 준수 사항입니다.
「고객센터-자주하는 질문」도 참조 바랍니다.
교육기관이나 미용에 관심이 있는 분들의 질의 사항을 정리해서 수시로 업데이트하고 있습니다.

1) 미용도구

① 시판 상태 그대로 사용 (어떠한 표기도 금지)

② 제품에 직접 인쇄 및 각인된 것만 허용(모든 부착물은 제거)

③ 3급은 블런트 가위만 사용 (길이, 색상, 폭 제한 없음)

④ 사전에 충분히 충전 (시험 중 전기시설 이용 금지)

⑤ 길이가 표시된 도구 지참 및 사용 금지

⑥ 등급에 관계없이 티닝가위 사용 금지

⑦【선택】

◆ 가위의 부착물: 고무링만 허용 (색상 제한 없음)

◆ 몸에 착용하는 가위집: 검정색이고 표기·무늬·모양이 없어야 함 (예: 프린트, 엠보싱, 오려내기 등)

2) 바구니

미용도구를 바구니에 담아 입실

① 모양이나 무늬가 없는 하얀색 (손잡이, 받침부위 등 일체 하얀색이어야 하고 바구니의 구멍으로 모양, 무늬 표현 또는 스마일·하트·곰돌이·강아지 등의 모양이 없어야 함)

② 규격(cm)-사각형 가로 30~35, 세로 20~25, 높이 5~10

③ 상표·스티커 부착이나 이름 등 모든 표기 금지

2 가운, 액세서리 기준

복장 기준은 다음과 같습니다.
【선택】표기 부분은 수험자가 선택 시 이에 대한 기준이며 【선택】표기가 없는 모든 사항은 모든 수험자가 반드시 지켜야 할 준수 사항입니다.
「고객센터-자주하는 질문」도 참조 바랍니다.
교육기관이나 미용에 관심이 있는 분들의 질의 사항을 정리해서 수시로 업데이트하고 있습니다.

1) 가운

① 색상: 무늬가 없는 검정색

② 소재: 털이 붙지 않는 것 (중량·조직·두께 제한없음)

③ 모양: 상의와 긴바지 (카라, 소매, 주머니, 체결방식에 제한없음)

④ 기타:

◆ 표시 등 가림용 테이프 부착, 헝겊 덧대기 금지

◆ 가운 외부에 무늬 표시·큐빅·마크·태그 등 금지

◆ 가운 위에 다른 옷 착용 금지

⑤ 가운 안에 입은 옷:

    ◆ 검정색이어야 하며 디자인, 소재 등 제한없음

    ◆ 무늬가 있거나 표식, 큐빅 등 금지

2) 액세서리 등

① 액세서리: ◆ 귀걸이, 목걸이, 반지, 팔찌, 피어싱 등 모든 유형 금지

        ◆ 헤어핀, 머리끈: 리본, 무늬, 장식 등이 없는 검정색만 허용

② 손톱: 색이 있는 매니큐어, 네일아트, 붙이는 손톱 금지

③ 모자, 두건: 착용 금지

④ 밴드: 몸에 부착한 밴드는 모두 살색(살구색)

⑤ 글씨 또는 혐오감이나 위압감을 줄 수 있는 문신은 긴팔 가운이나 검정색 토시를 이용하여 가급적 보이지 않도록 권장

※【선택】 ◆ 시계, 전자기기: 녹음, 촬영, 통신 등의 기능이 있는 것은 금지

        ◆ 마스크: 하얀색 (재질, 모양 제한 없음, 정부정책을 감안 탄력 운용)

[올바른 복장의 예]

3 반려견 스타일리스트 수험자 복장 기준

가운 기준

① 색상: 검은색(무늬가 없는 단일색)

② 재질: 털이 붙지 않는 것(중량, 조직, 두께, 소재 등 제한 없음)

③ 모양: 상의(반팔, 긴팔)와 긴바지(사이즈, 디자인, 카라 여부, 소매길이, 주머니 유무·갯수, 지퍼·단추방식 등 제한 없음)

① 헤어핀이나 머리끈은 검정색만 허용

② 모자 및 두건 착용 금지

③ 귀걸이, 피어싱 금지

④ (선택) 마스크는 흰색만 허용

⑤ 목걸이 금지

⑥ 가운에 무늬, 표시, 큐빅 금지

⑦ 무늬 등 가리기 위한 테이프 부착, 헝겊 덧대기 금지

⑧ 글씨 또는 혐오감이나 위압감을 줄 수 있는 문신은 긴팔 가운이나 검정색 토시를 이용하여 가급적 보이지 않도록 조치

⑨ (선택) 시계만 허용

⑩ 팔찌 및 스마트워치 금지

⑪ 반지 금지

⑫ 색이 있는 매니큐어, 네일아트, 붙이는 손톱 금지

⑬ 필요시 가운 안에는 검은색의 옷만 허용(디자인 등 제한 없음)

견체구조

Canine Anatomy

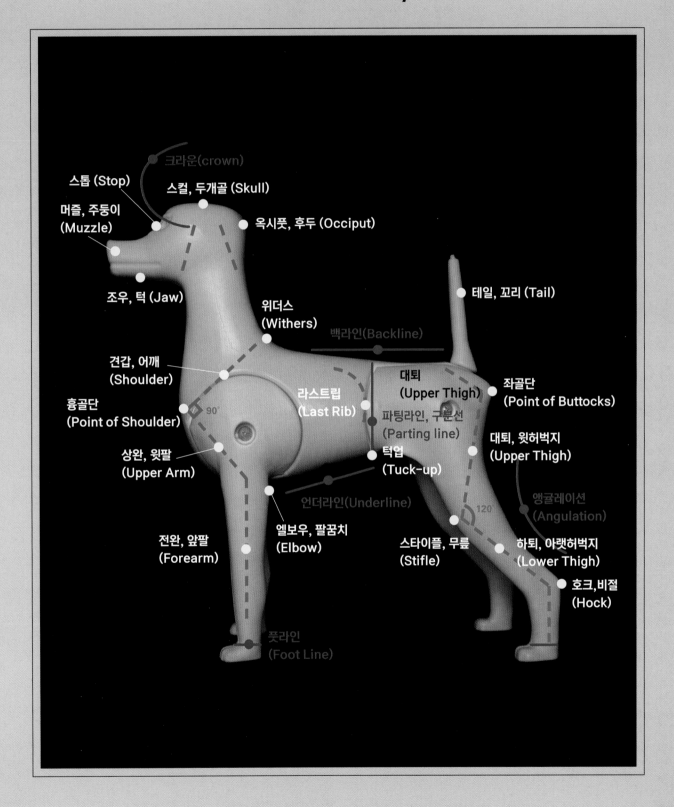

크라운(crown)

스톱 (Stop)

스컬, 두개골 (Skull)

머즐, 주둥이
(Muzzle)

옥시풋, 후두 (Occiput)

조우, 턱 (Jaw)

테일, 꼬리 (Tail)

위더스
(Withers)

백라인(Backline)

견갑, 어깨
(Shoulder)

대퇴
(Upper Thigh)

좌골단
(Point of Buttocks)

흉골단
(Point of Shoulder)

라스트립
(Last Rib)

파팅라인, 구분선
(Parting line)

90°

대퇴, 윗허벅지
(Upper Thigh)

상완, 윗팔
(Upper Arm)

턱업
(Tuck-up)

앵귤레이션
(Angulation)

언더라인(Underline)

120°

전완, 앞팔
(Forearm)

엘보우, 팔꿈치
(Elbow)

스타이플, 무릎
(Stifle)

하퇴, 아랫허벅지
(Lower Thigh)

호크,비절
(Hock)

풋라인
(Foot Line)

목차
Table of Content

01 램 클립
LAMB CLIP

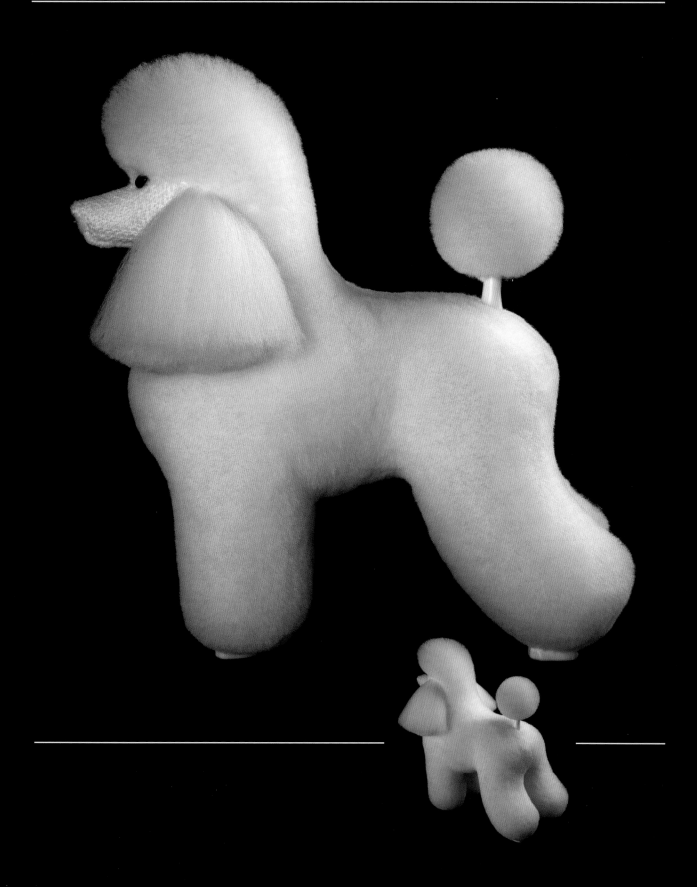

|램 클립|

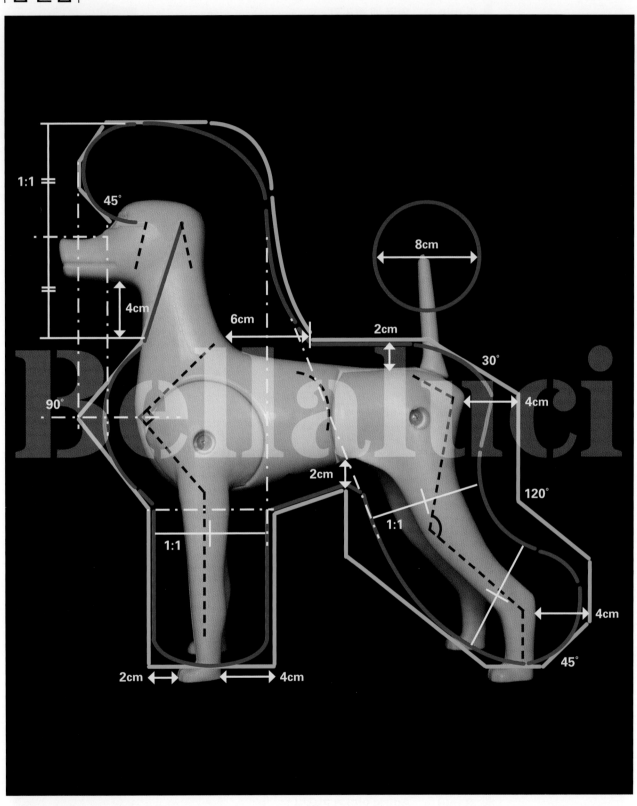

초벌라인
패턴 재벌라인
기준라인
치수라인

PROCESS |작업순서

초벌

5 min	얼굴 넥 클리핑 (Face & Neck Clipping)

4 min	풋라인 (Foot Line)

1 min	넥라인 블렌딩 (V-line, Neckline Blending)

2 min	체장 (Body Length)

2 min	체고 백라인 좌골 (Body Height, Backline & Hipbone)

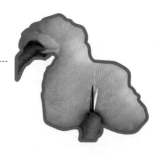

1 min	좌·우 파팅라인 (Parting Line)

4 min	좌·우 엉덩이 뒷다리 외측면 (A-line, Outer Line on the Rear)

5 min	뒷다리 내측면 (Span of Hind Legs)

2 min	좌·우 호크 (Hocks)

3 min	좌·우 앵귤레이션 (Angulation)

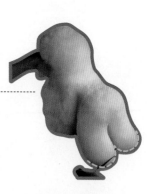

3 min	후반신 뒷다리 라운딩 (Hindquarters, Hind Legs Rounding)

4 min	좌·우 견갑 상완 전완 (Shoulder & Upper Arm & Forearm)

2 min	좌·우 견갑 앞다리 외측면 (Outer Line on the Front)

5 min	앞다리 내측면 (Span of Front Legs)

3 min	전반신 앞다리 라운딩 (Forequarters, Front Legs Rounding)

초벌

4 min **좌측면 턱업 언더라인**
(Tuck-up & Underline on the Left Side)

4 min **우측면 턱업 언더라인**
(Tuck-up & Underline on the Right Side)

3 min **크라운**
(Crown)

2 min **탑라인**
(Topline)

1 min **이어 프린지**
(Ear Fringes)

60 min **초벌 종료**

재벌

25 min **좌반신 면처리**
(Trimming the Left Side with Scissors)

25 min **우반신 면처리**
(Trimming the Right Side with Scissors)

5 min **크라운**
(Crown)

4 min **폼폰**
(Pompon)

1 min **이어 프린지**
(Ear Fringes)

60 min **재벌 종료**

완성 **120 min TOTAL**

01 ◇ LAMB CLIP

01 램 클립
MODELLING | 3D 모델링동영상

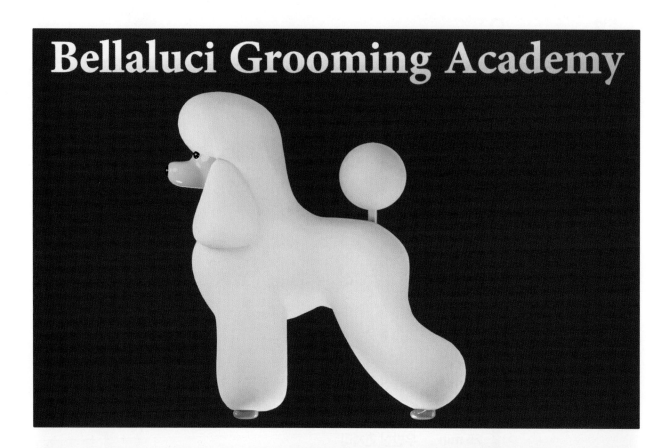

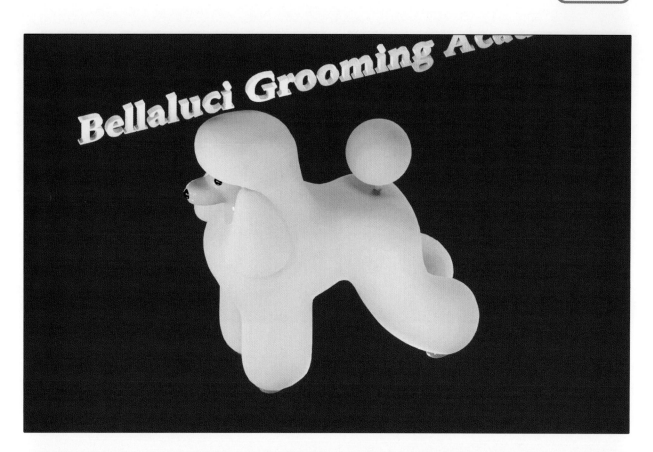

LAMB CLIP

램 클립은 양(Lamb)처럼 전체적으로 둥근 형태이고, 푸들의 가장 기본적인 클립으로서 푸들의 이상적인 체형인 정사각형(Square)을 표현한다. 초벌 작업은 1시간 동안 이루어지며 정해진 작업순서에 따라서 1회 작업해야 하고, 재벌 작업은 1시간 동안 작업순서에 관계없이 다듬기와 면처리 작업을 진행한다.

00

위그를 견체에 세팅하고, 견체를 바로 세워 전체적으로 털이 길고 풍성해 보이도록 코밍한다. 브러싱과 코밍 상태가 양호해야 시저링이 잘 되고 작업시간을 단축할 수 있다.

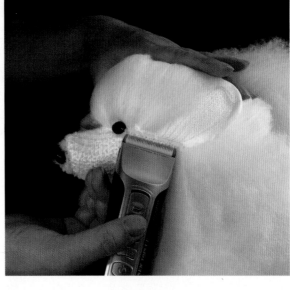

01

얼굴 넥 클리핑은 먼저 머즐 앞쪽만 클리핑하여 시야를 확보하고, 귀뿌리 아래쪽을 클리핑한 후 귀뿌리 앞과 눈꼬리를 연결하는 이미지너리라인(Imaginary Line)을 직선으로 클리핑한다.

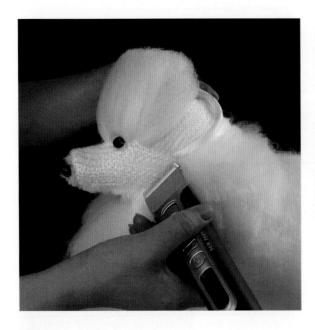

02

귀뿌리 뒤에서 턱 아래 4cm까지 직선으로 클리핑하고, 좌우 클리핑 라인이 턱 아래 4cm 지점에서 알파벳 V자 형태로 만나도록 클리핑한다.

CAUTION 귀뿌리 아래쪽을 클리핑할 때 위그가 잘 터지기 때문에 클리퍼날을 피부면과 평행하게 움직이고, 클리퍼날로 눈을 긁지 않는다.

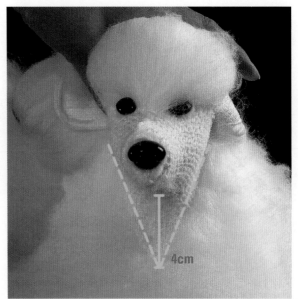

03

넥라인을 정면에서 보았을 때 클리핑 라인이 V자 형태로 표현한다.

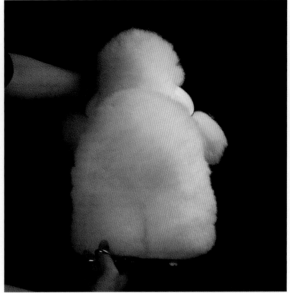

04 _____

풋라인은 털을 아래방향으로 코밍하고, 좌측 뒷발부터 시작해서 반시계방향으로 움직이면서 커트한다. 좌측 뒷발→우측 뒷발→우측 앞발→좌측 앞발 순으로 진행하고, 네 개의 발등 높이가 균등하게 보이도록 직선으로 커트한다.

CAUTION 풋라인 커트 시 견체를 과도하게 기울이지 않는다.

05 _____

우측 뒷발을 좌측 뒷발의 커트 라인에 맞추어 직선으로 커트한다.

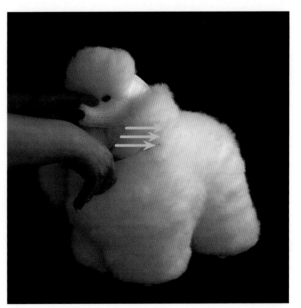

06 _____

반시계방향으로 움직이면서 남은 우측 앞발과 좌측 앞발을 직선으로 커트한다. 정면에서 보았을 때 발등 높이가 균등하게 보여야 한다.

07 _____

넥라인 블렌딩은 먼저 넥라인 주변부의 불필요한 털을 제거한 후, 가위등을 넥라인에 맞추고 피부면에서 수직되도록 안에서 바깥 쪽으로 블렌딩한다.

CAUTION 앞가슴과 어깨의 볼륨을 고려하여 가위를 견체에 눕혀서 블렌딩하지 않는다.

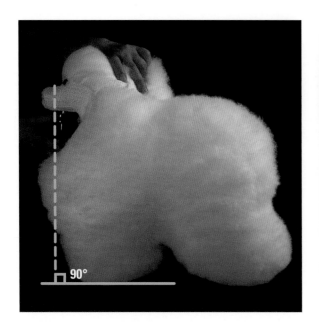

08

체장(몸 길이)을 결정할 때 먼저 체장 앞면을 커트하고 체장 뒷면을 커트한다. 체장 앞면은 머즐의 중간 지점을 기준하여 앞가슴을 수직으로 커트한다.

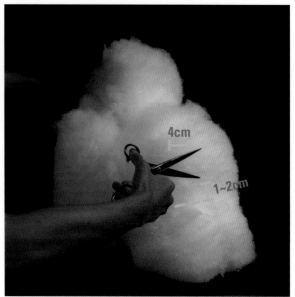

09

체장 뒷면을 커트할 때 대퇴를 약 4cm를 남겨서 수직으로 커트하고, 견체의 가랑이 아래방향 손가락 한마디 (1~2cm) 지점까지만 커트한다.

CAUTION 앵귤레이션(Angulation) 작업을 위하여 하퇴(Lower Thigh)를 커트하지 않는다.

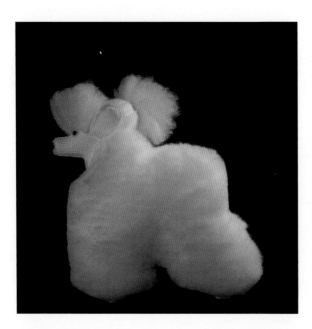

10

체장(몸 길이)을 앞가슴(흉골단)부터 대퇴(좌골단)까지 길이로 결정한다.

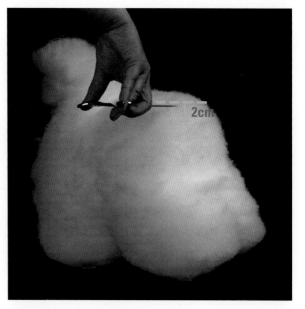

11

체고(몸 높이)는 등을 약 2cm를 남기고 백라인을 수평으로 커트한다. 백라인을 커트할 때 탑라인과 연결을 위하여 목 뒤 약 6cm까지만 커트한다.

CAUTION 탑라인(Topline) 작업에서 목과 등을 곡선으로 연결하려면 위더스(Withers)부분의 털을 남겨두어야 한다.

12 ————————————————————
백라인을 레벨링(Leveling) 작업하여 등을 평평하게 만든다.

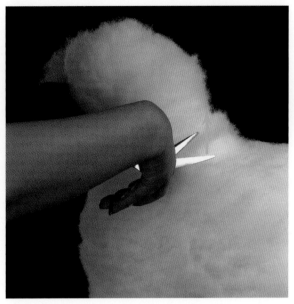

13 ————————————————————
목 뒤에 불필요한 털을 커트하여 체고를 명확하게 한다.

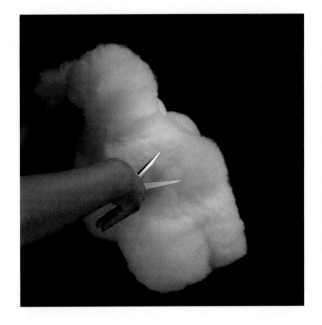

14 ————————————————————
좌골은 "엉덩이 기울기"를 표현하기 위하여 좌골단부터 견체의 꼬리 구멍까지 지면과 30°각을 주어 직선으로 커트한다.

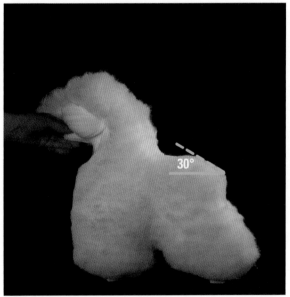

15 ————————————————————
체고(몸 높이)는 백라인과 좌골을 포함하여 작업 완료한다.

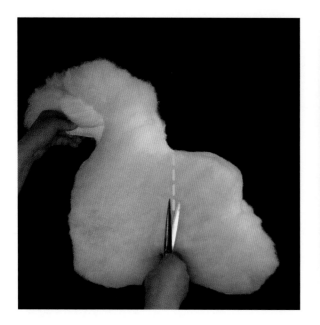

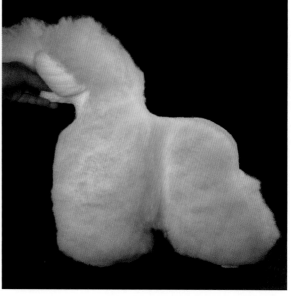

16 _____

좌·우 파팅라인은 견체를 전반신(Forequarters)과 후반신(Hindquarters)으로 구분하는 구분선으로, 턱업 기준의 수직선에 따라서 허리를 움푹하게 커트한다. 파팅라인을 커트할 때 약 3cm를 남기고, 파팅라인 주변부의 불필요한 털을 제거한다.

17 _____

파팅라인은 좌우대칭으로 작업 완료한다.

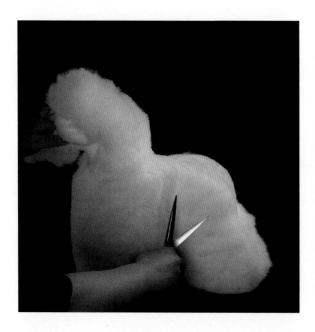

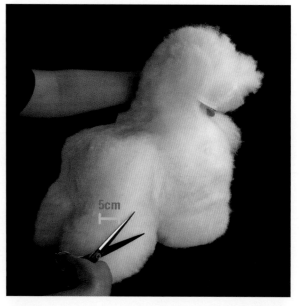

5cm

18 _____

좌우 엉덩이 뒷다리 외측면은 견체를 후면에서 보았을 때 알파벳 A자 형태이고, 외측면을 약 5cm를 남기고 커트한다. 엉덩이는 아치형이고, 뒷다리는 아래쪽으로 내려갈수록 스커트처럼 살짝 벌어지게 커트한다.

Tip 램 클립 형태에 대한 이해가 생기고 가위질이 어느 정도 익숙해진다면 외측면을 5cm보다 작은 4cm로 작업 할 수 있다.

19 _____

좌우 엉덩이 뒷다리 외측면은 꼬리 구멍을 기준하는 중심선을 따라서 좌우대칭으로 커트한다.

Tip 손가락으로 견체의 꼬리 구멍을 확인하고, 중심선을 상상하면서 A라인을 좌우대칭으로 작업한다.

반려견스타일리스트 실기

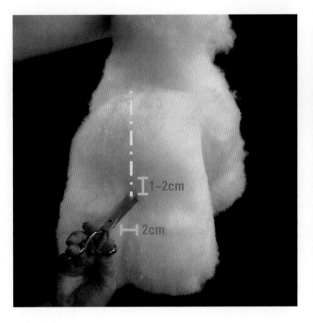

20

뒷다리 내측면은 꼬리 구멍 기준의 중심선에 따라서 가랑이 아래 손가락 한마디(1~2cm) 지점에서 내측면의 시작점을 수평으로 커트한다. 시작점부터 좌·우 뒷다리 사이 간격은 2cm를 유지하며, 11자 형태로 수직이 되도록 커트한다.

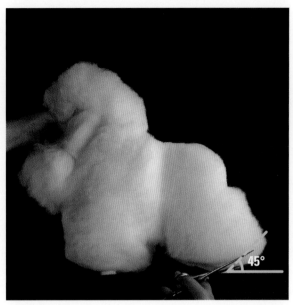

21

좌·우 호크는 지면과 45°각을 주어 직선으로 커트한다.

22

좌·우 앵귤레이션은 대퇴와 하퇴가 120°각을 이루고, 대퇴와 하퇴를 곡선으로 연결하면서 길이 비율이 1:1이 되도록 커트한다.

CAUTION 가위날(Blades) 안으로 앵귤레이션을 작업하면 털이 많이 눌리고, 하퇴와 호크가 작아지기 쉬우므로 가위날 끝을 사용한다.

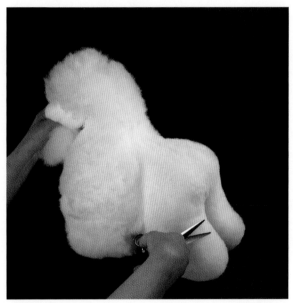

23

후반신 뒷다리 라운은 엉덩이와 뒷다리를 코밍한 후, 엉덩이는 아치형으로 라운딩하고, 뒷다리는 외측 내측의 모서리를 제거하면서 휘어진 파이프처럼 라운딩한다.

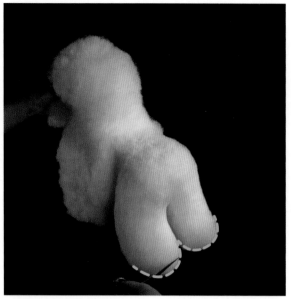

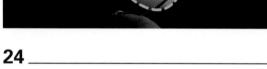

24 _____

호크와 풋라인을 연결하면서 라운딩하고, 후면에서 보았을 때 풋라인이 알파벳 U자 형태로 표현한다.

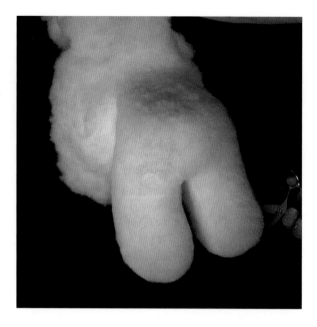

25 _____

후반신 뒷다리 라운딩을 좌우대칭으로 작업 완료한다.

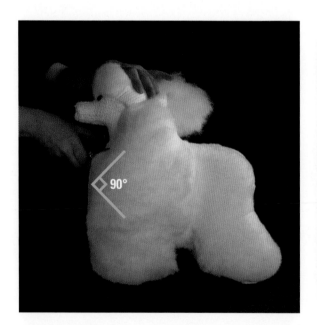

26 _____

좌·우 견갑 상완 전완은 견갑→상완→전완 순으로 커트하고, 먼저 견갑을 지면과 45°각을 주어 넥라인부터 흉골단 앞까지 커트한다.

> **Tip** 견체의 정면에서 좌·우를 함께 작업하면 작업시간을 단축할 수 있다.

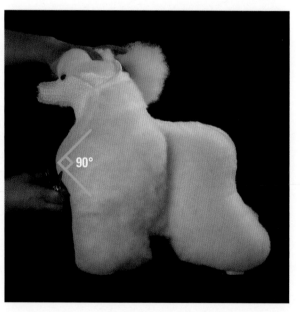

27 _____

상완은 견갑과 90°각을 이루고, 앞가슴 볼륨을 고려하면서 흉골단 앞부터 전완까지 사선으로 커트한다.

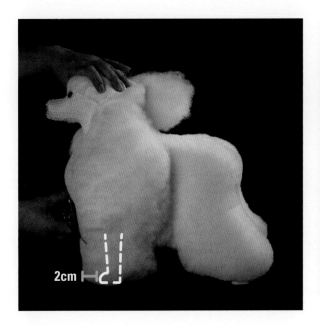

28 _____

전완은 발끝 앞 2cm를 기준하는 수직선에 따라서 가랑이 아래 손가락 한마디부터 아래쪽으로 직선으로 커트한다.

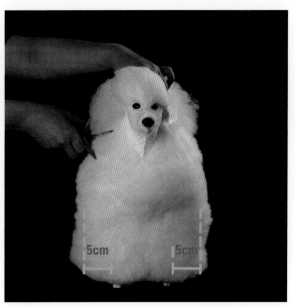

29 _____

좌·우 견갑 앞다리 외측면은 견갑→앞다리 순으로 커트하고, 견갑을 목 옆 약 3cm부터 흉골단 높이까지 사선으로 커트하고, 흉골단 높이에서 앞다리 외측면을 약 5cm를 남기고 수직으로 커트한다.

> (Tip) 랩 클립 형태에 대한 이해가 생기고 가위질이 익숙해 진다면 외측면을 약 4cm로 작업할 수 있다.

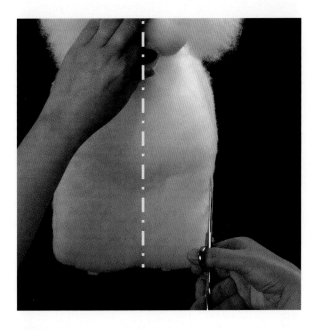

30 _____

좌·우 견갑 앞다리 외측면을 코를 기준하는 중심선에 따라서 좌우대칭으로 작업 완료한다.

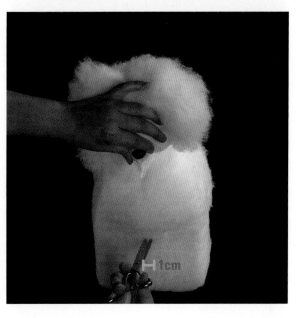

31 _____

앞다리 내측면은 먼저 코 기준의 중심선에 따라서 가랑이 아래 손가락 한마디에서 내측면의 시작점을 커트한다. 시작점부터 좌·우 앞다리 사이 간격은 1cm를 유지하며, 11자 형태로 수직으로 커트한다.

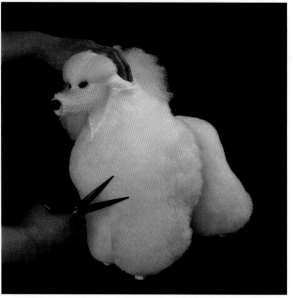

32 _____

전반신 앞다리 라운딩은 앞가슴과 앞다리를 코밍한 후, 앞
가슴은 반구 형태로 라운딩하고, 앞다리는 외측 내측의 모
서리를 제거하면서 원통형으로 라운딩한다.

> **Tip** 램 클립에서 앞가슴은 가장 난이도가 높은 곳이고,
> 가위날 끝을 사용하여 형태를 잡아가야 한다.

33 _____

코를 기준하는 중심선에 따라서 앞가슴을 좌우대칭으로
라운딩한다.

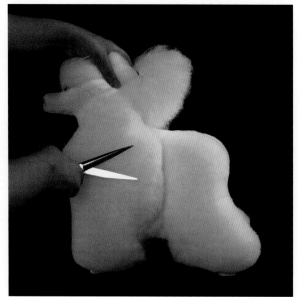

34 _____

앞다리와 풋라인을 연결하면서 라운딩하고, 정면에서 보
았을 때 풋라인이 알파벳 U자 형태로 표현되도록 한다.

35 _____

좌측면 턱업 언더라인은 작업 전에 먼저 흉곽(Rib Cage)
의 불필요한 털을 제거하고, 윗면에서 보았을 때 견갑 외
측면과 엉덩이 외측면이 같은 선 상에 위치하도록 나란하
게 커트한다.

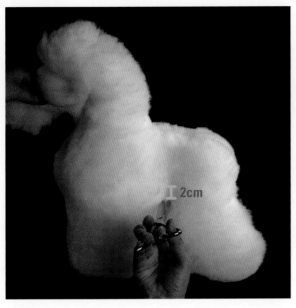

36 _____

턱업 아래를 2cm를 남기고 수평으로 커트한다.

> **Tip** 언더라인을 작업할 때 시작점으로 턱업을 먼저 커트
> 해야 작업시간을 단축할 수 있다.

37 _____

턱업부터 엘보우(Elbow)까지 언더라인을 사선으로 커트
한다.

> **Tip** 엘보우 위치는 앞가슴 하단과 동일하다.

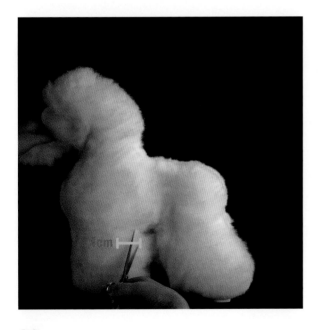

38 _____

앞다리 뒷면을 약 4cm를 남기고 엘보우부터 아래방향으
로 수직으로 커트한다.

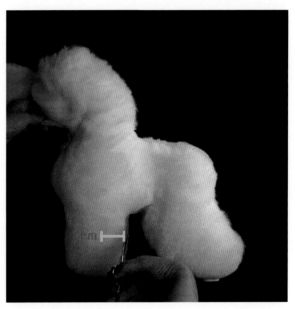

39 _____

엘보우 부위 털을 깊게 코밍하여 털을 빼내고, 앞다리 뒷
면을 다시 수직으로 커트한다.

40 _____

뒷다리 앞면을 턱업부터 아래방향으로 수직으로 커트한
다.

> **CAUTION** 뒷다리 앞면을 사선이 아닌 수직으로 커트해두어야 뒷다리
> 라운딩할 때 무릎과 곡선을 표현하기 쉽다.

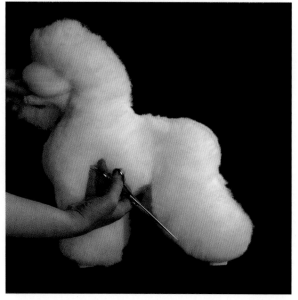

41 _____

뒷다리 앞면을 스타이플(Stifle) 높이에서 발끝을 향하여
사선으로 커트한다.

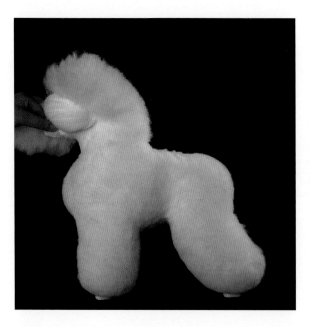

42 _____

좌측면과 우측면 턱업 언더라인을 좌우대칭으로 작업하
면서 라운딩을 함께 진행한다.

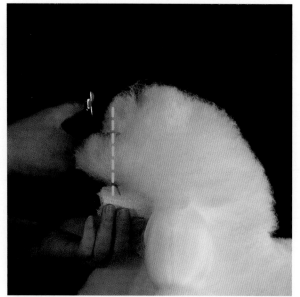

43 _____

크라운은 먼저 불필요한 털을 제거해야 작업시간을 단축
할 수 있으므로 크라운 정면을 머즐 중간 지점에서 수직으
로 커트한다.

44 _____

크라운 좌·우 측면의 불필요한 털을 털 길이 1/2 기준하여 수직으로 커트한다.

45 _____

크라운 좌·우 측면을 코를 기준하는 중심선에 따라서 좌우대칭으로 커트한다.

46 _____

크라운 정면을 45°각을 주어 눈이 보이도록 커트한다.

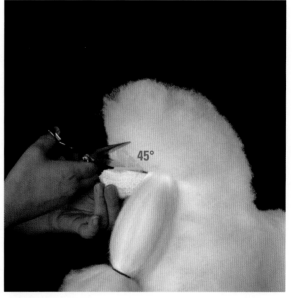

47 _____

크라운 좌·우 측면을 45°각을 주어 이미지너리라인과 귀뿌리 경계선이 보이도록 커트한다.

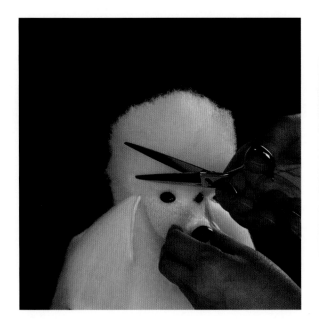

48 _____

크라운 좌·우 측면을 45°각을 주어 좌우대칭으로 커트하
고, 라운딩한다.

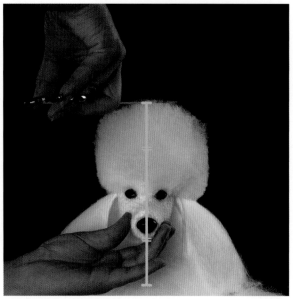

49 _____

크라운 높이는 스톱(Stop)을 기준하여 스톱부터 턱 아래
4cm까지 길이와 같은 길이로 하여 크라운 윗면을 수평으
로 커트한다.

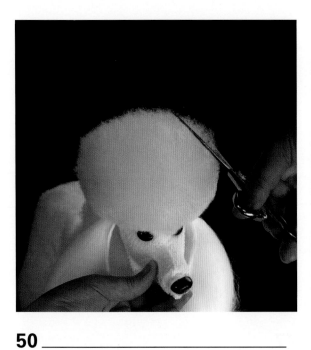

50 _____

크라운 윗면을 라운딩한다.

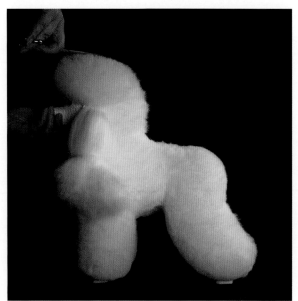

51 _____

크라운부터 넥 좌·우 측면을 곡선으로 연결하고, 넥 좌·우
측면을 어깨와 곡선으로 연결한다.

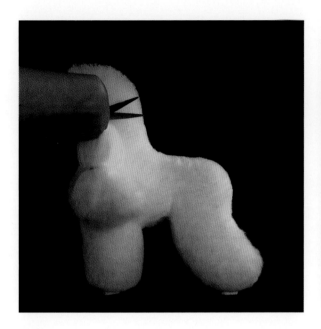

52 _____

탑라인은 옥시풋(Occiput)→넥→위더스→백라인을 곡
선으로 연결하면서 입체적으로 작업한다.

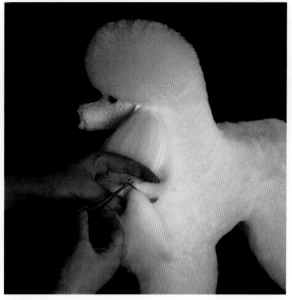

53 _____

이어 프린지는 귀 털을 커트하기 전에 밴딩가위를 사용하
여 밴드를 완전히 제거한다.

CAUTION 미용가위를 사용하여 밴드를 자르면 안 된다.

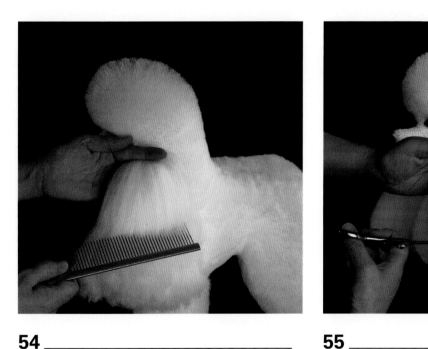

54 _____

밴드 커트 후 귀 털을 꼼꼼하게 코밍하여 밴드와 밴딩 자
국을 제거하고, 귀 털을 커트하기 쉽게 정리한다.

Tip 귀 털을 코밍할 때 귀뿌리를 잡고 코밍할 수 있다.

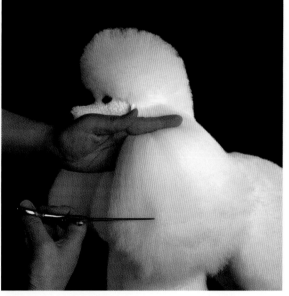

55 _____

이어 프린지를 흉골단 기준의 수평선에 따라서 직선으로
커트한다.

CAUTION 이어 프린지를 커트할 때 귀를 잡은 손이 가위에 베이지 않도
록 주의한다.

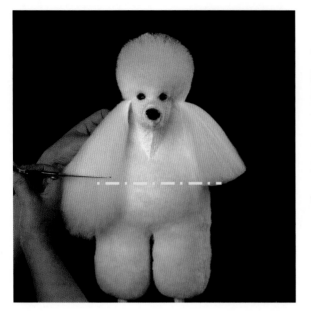

56 _____

이어 프린지를 정면에서 보고 좌우대칭으로 커트한다.

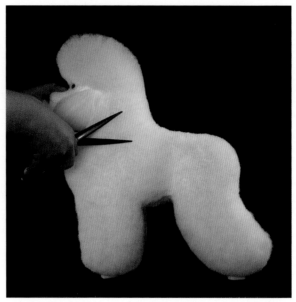

57 _____

좌반신 면처리는 재벌의 경우 정해진 작업순서가 없지만, 반시계방향으로 상체→하체 순으로 진행하는 것이 작업 시간을 단축할 수 있다.

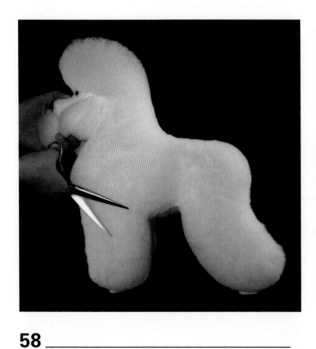

58 _____

앞다리는 원통으로 표현하고, 외측면을 4cm를 남기고 면을 매끄럽게 면처리한다.

59 _____

풋라인은 알파벳 U자 형태가 되고, 발등이 보이도록 면처리한다.

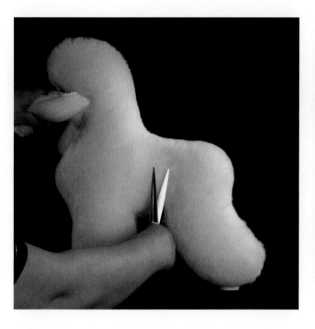

60

흉곽을 둥글게 면처리하고, 허리라인을 바이올린처럼 잘록하게 표현하면서 면처리한다.

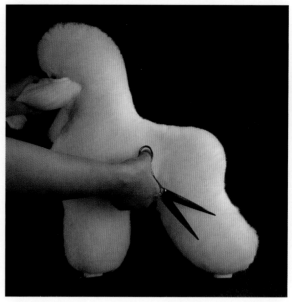

61

엉덩이와 뒷다리를 후면에서 보았을 때 A라인으로 표현하고, 외측면을 4cm를 남기고 면처리한다.

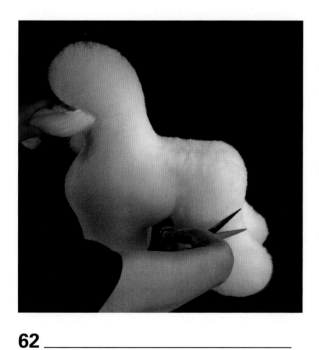

62

앵귤레이션을 강조하면서 면처리한다.

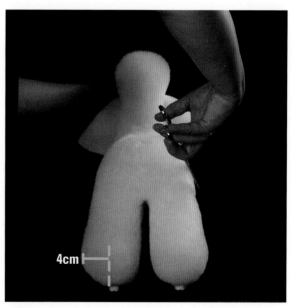

4cm

63

우반신 면처리는 반시계방향으로 하체→상체 순으로 진행하고, 좌우대칭으로 면처리한다.

64 _____

우측 뒷다리는 좌우 턱업 위치를 확인하면서 좌우대칭으로 면처리한다.

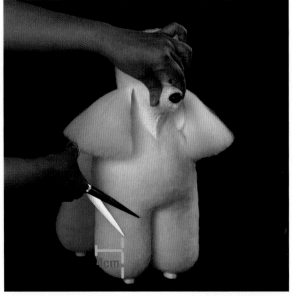

65 _____

우측 앞다리는 코를 기준하는 중심선에 따라서 좌우대칭으로 면처리한다.

66 _____

크라운 재벌은 크라운 앞면과 후면의 볼륨을 고려하고, 이미지너리라인과 귀뿌리 경계선을 명확하게 보이도록 작업한다.

67 _____

폼폰은 방울술이고 구의 형태로 표현해야 하는데, 먼저 꼬리를 견체에 수직으로 결합한다.

> **Tip** 견체에 꼬리를 결합할 때 꼬리 구멍을 겸자 또는 꼬리빗을 사용하여 뚫고 결합할 수 있다. 이 때, 구멍을 작게 만들어야 결합 후 꼬리가 흔들리지 않는다.

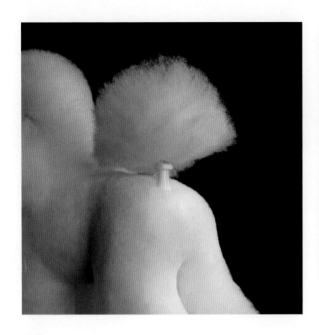

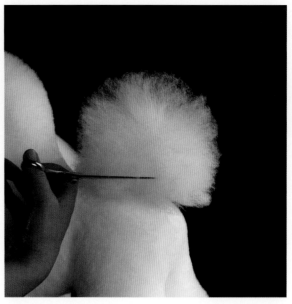

68

견체에 꼬리를 타이트하게 결합하고, 한쪽으로 기울어지
지 않게 바로 세운다.

69

폼폰은 먼저 꼬리 털의 하단을 꼬리가 보이도록 수평으로
커트한다.

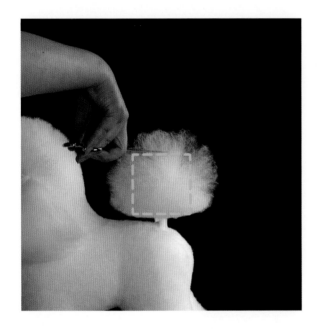

70

폼폰의 세로길이를 결정하기 위해 꼬리 털의 상단을 옥시
풋 높이에 맞추어 수평으로 커트한다.

71

폼폰의 가로길이를 결정하기 위해 꼬리 털의 좌측을 수직
으로 커트한다.

> **Tip** 꼬리 털을 먼저 정육면체로 만들면 폼폰 작업시간을
> 단축할 수 있고, 꼬리를 중심선으로 하여 좌우대칭으
> 로 커트한다.

72 _____

꼬리 털의 우측을 좌우대칭으로 수직으로 커트한다.

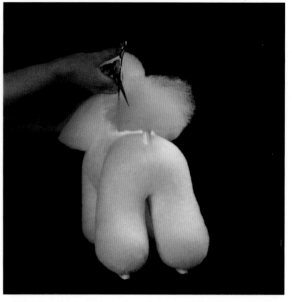

73 _____

후면에서 보고, 꼬리를 중심선으로 하여 꼬리 털을 좌우대
칭으로 커트하여 정육면체로 만든다.

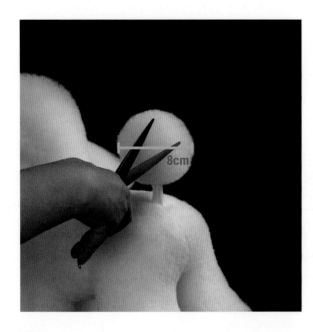

74 _____

폼폰은 모서리를 제거하면서 지름이 약 8cm가 되는 구의
형태로 라운딩한다.

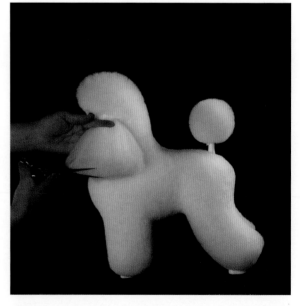

75 _____

이어 프린지 재벌은 작업 중에 엉클어진 귀 털을 정리하고
귀 끝단을 단정하게 커트한다.

76 _____

이어 프린지를 정면에서 볼 때 귀 높이가 같도록 좌우대칭
으로 커트한다.

COMPLETED

반려견스타일리스트 실기

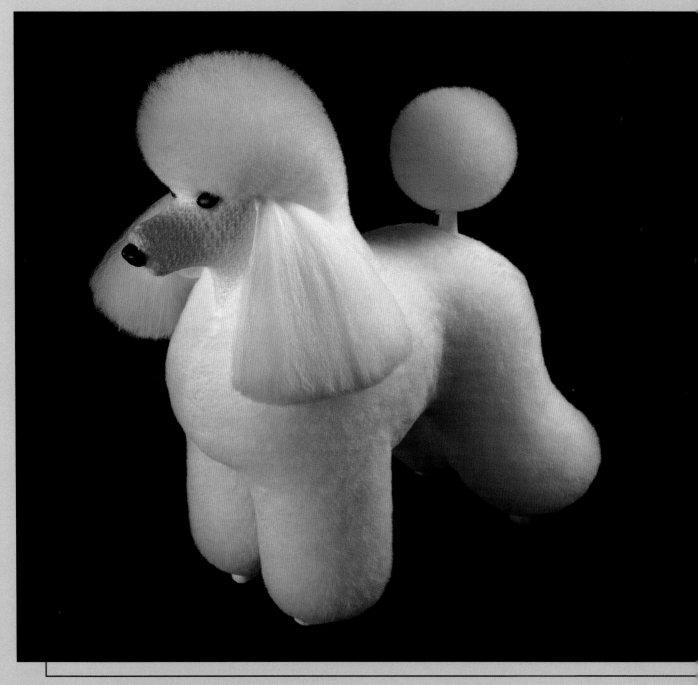

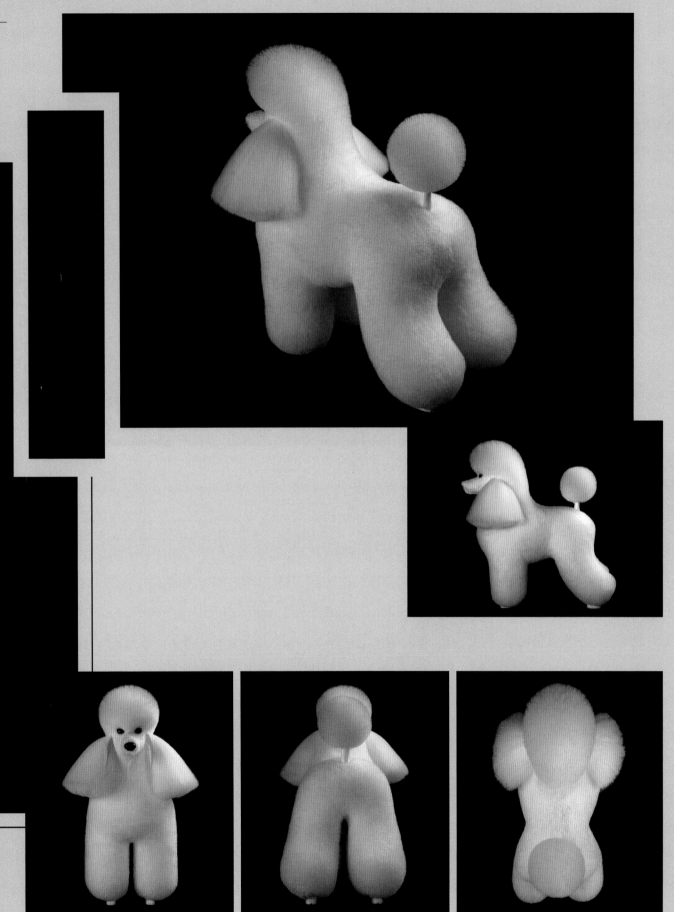

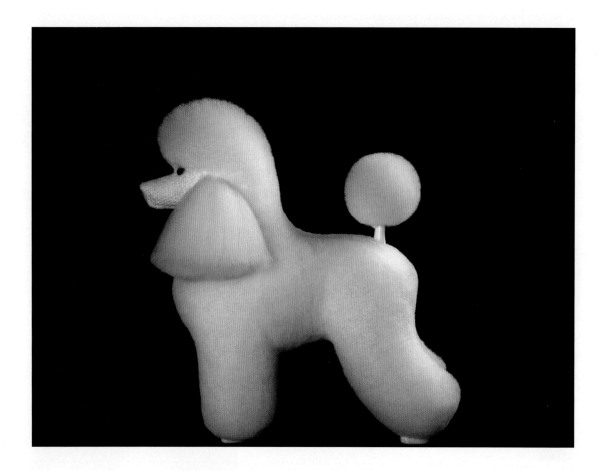

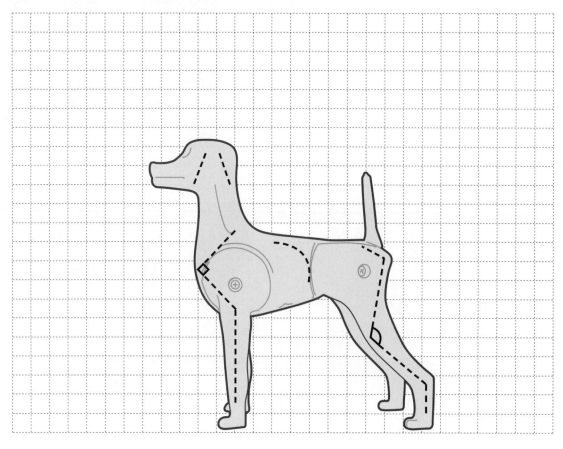

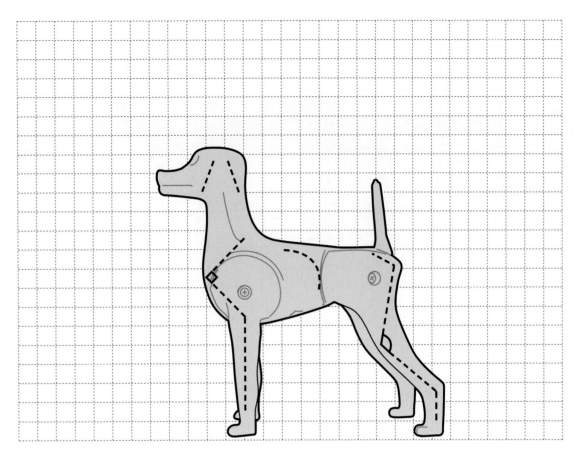

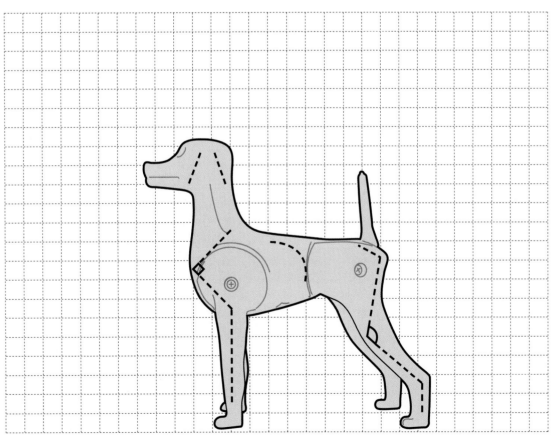

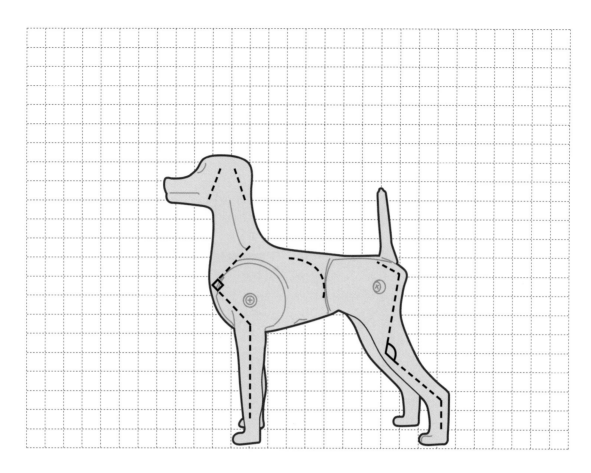

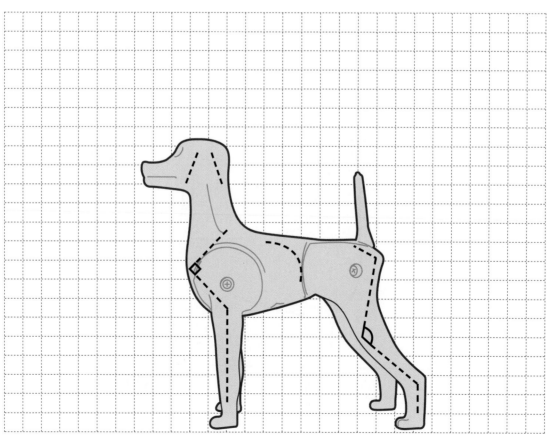

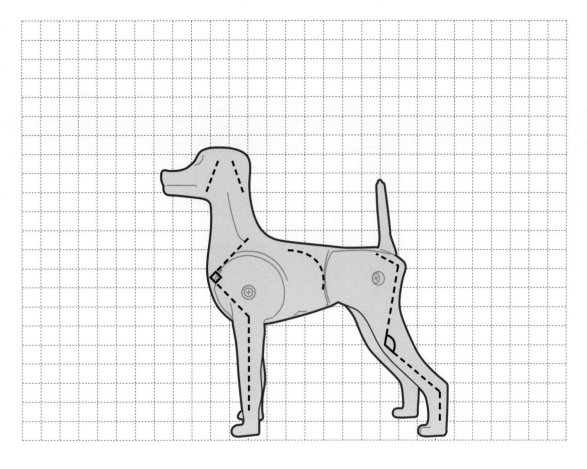

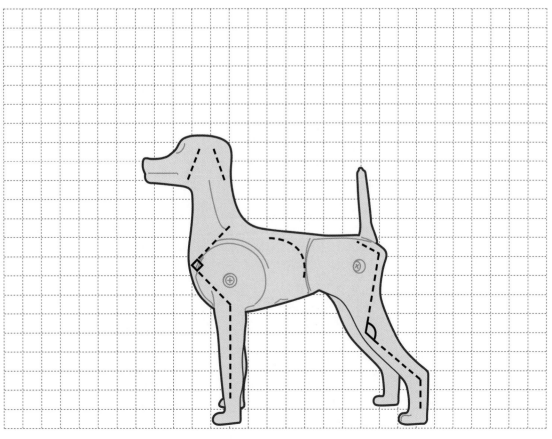

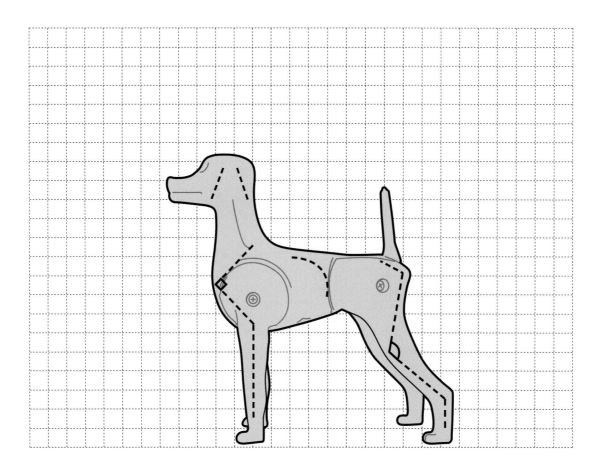

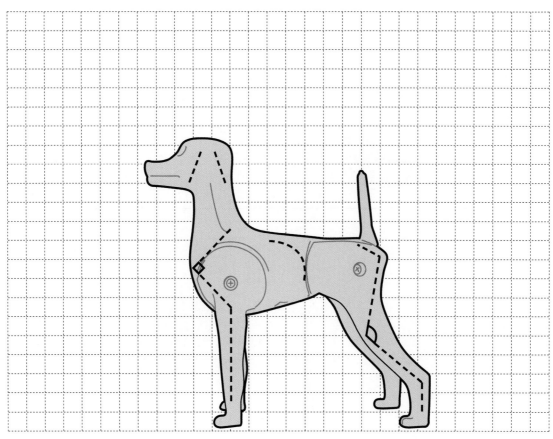

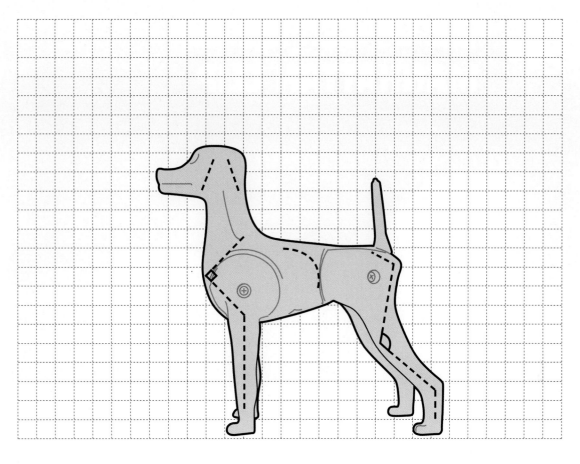

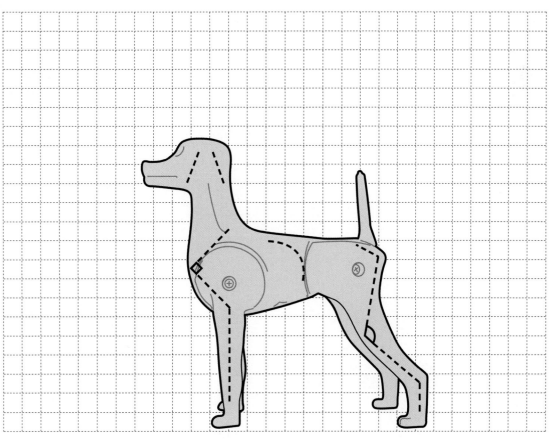

02 맨하탄 클립
MANHATTAN CLIP

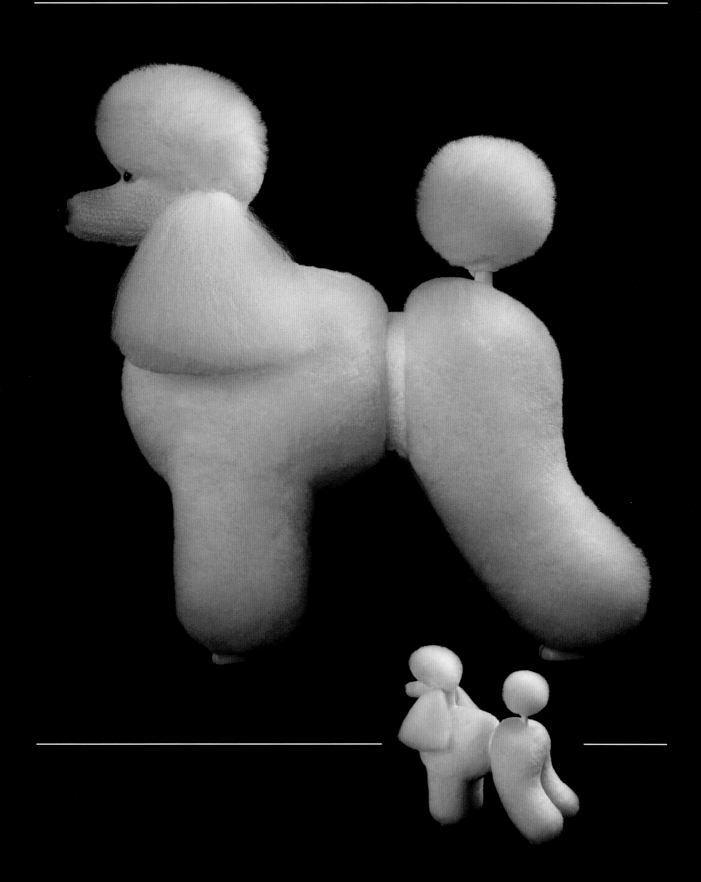

맨하탄 클립

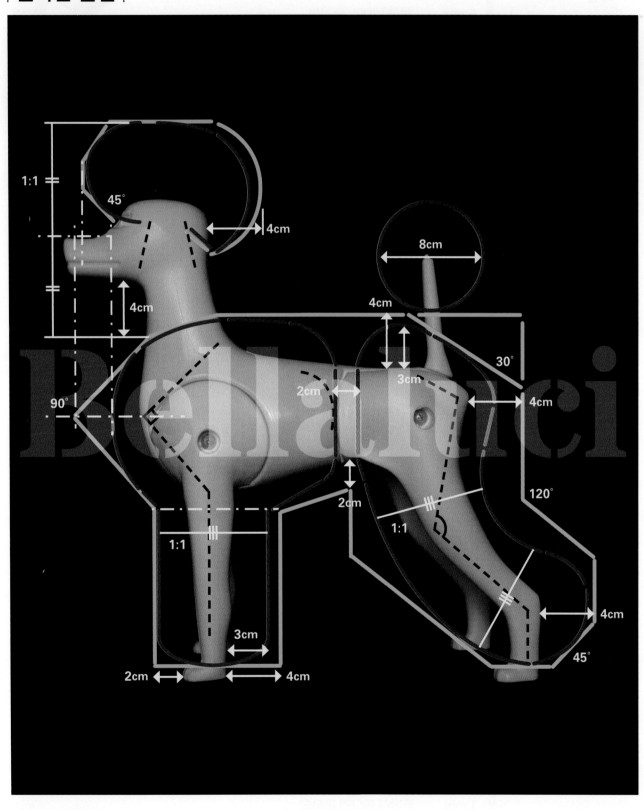

초벌라인
패턴 재벌라인
기준라인
치수라인

PROCESS |작업순서

초벌

5 min	**얼굴 넥밴드 클리핑** (Face & Neckband Clipping)	
1 min	**크라운** (Crown)	
4 min	**풋라인** (Foot Line)	
1 min	**넥라인 블렌딩** (V-line, Neckline Blending)	
1 min	**체장** (Body Length)	
1 min	**체고 백라인** (Body Height, Backline)	
2 min	**좌·우 견갑 상완 전완** (Shoulder & Upper Arm & Forearm)	
1 min	**좌·우 견갑 앞다리 외측면** (Outer Line on the Front)	
2 min	**앞다리 내측면** (Span of Front Legs)	
1 min	**전반신 앞다리 라운딩** (Forequarters, Front Legs Rounding)	
1 min	**좌·우 엉덩이 뒷다리 외측면** (A-line, Outer Line on the Rear)	
2 min	**뒷다리 내측면** (Span of Hind Legs)	
1 min	**좌·우 호크** (Hocks)	
2 min	**좌·우 앵귤레이션** (Angulation)	
1 min	**후반신 뒷다리 라운딩** (Hindquarters, Hind Legs Rounding)	

2 min	**좌측면 턱업 언더라인** (Tuck-up & Underline on the Left Side)	
2 min	**우측면 턱업 언더라인** (Tuck-up & Underline on the Right Side)	
30 min	**초벌 종료**	

패턴

10 min	**좌측면 허리 밴드** (Band Clipping Rounding on the Left Side)	2cm
9 min	**우측면 허리 밴드** (Band Clipping Rounding on the Right Side)	
1 min	**좌골** (Hipbone)	
20 min	**패턴 종료**	

재벌

30 min	**좌반신 면처리** (Trimming the Left Side with Scissors)	
30 min	**우반신 면처리** (Trimming the Right Side with Scissors)	
5 min	**크라운** (Crown)	
4 min	**폼폰** (Pompon)	8cm
1 min	**이어 프린지** (Ear Fringes)	
70 min	**재벌 종료**	

완성　　　120 min **TOTAL**

02 맨하탄 클립
MODELLING | 3D 모델링동영상

MANHATTAN CLIP

맨하탄 클립은 2급 자격검정의 기본 클립으로서 허리 위치에 밴드를 클리핑하고, 코트를 자켓과 팬츠로 구분한다. 전체적인 밸런스를 위하여 밴드 위치가 가장 중요하고, 밴드를 기준하여 전반신(Forequarters)과 후반신(Hindquarters)을 균형 있게 표현해야 한다.

00

위그를 견체에 세팅하고, 견체를 바로 세워 전체적으로 털이 길고 풍성해 보이도록 코밍한다. 브러싱과 코밍 상태가 양호해야 시저링이 잘 되고 작업시간을 단축할 수 있다.

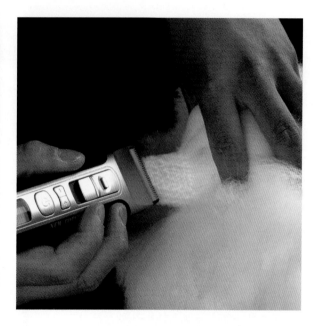

01

얼굴 넥밴드 클리핑은 먼저 머즐 앞쪽만 클리핑하여 시야를 확보한다.

02

귀를 올려서 잡고, 귀뿌리 아래쪽을 클리핑하고, 귀뿌리 앞과 눈꼬리(Outer Corners of Eyes)를 연결하는 이미지너리라인을 직선으로 클리핑한다.

CAUTION 귀뿌리 아래쪽을 클리핑할 때 위그가 잘 터지기 때문에 클리퍼날을 피부면과 평행하게 움직이고, 클리퍼날로 눈을 긁지 않는다.

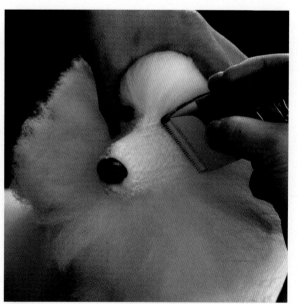

03

이미지너리라인→뺨(Cheek)→머즐 순으로 클리핑한다.

Tip 눈 주변부를 클리핑할 때 숟갈로 아이스크림을 뜨듯이 스쿠핑(Scooping)한다.

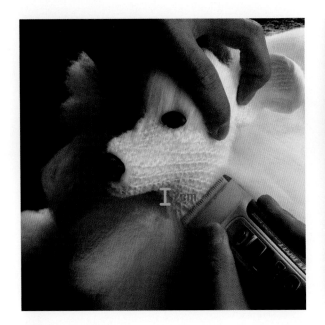

04

넥밴드 작업의 효율성을 위해 턱 아래 약 2cm까지 러프하게 클리핑하고, 나중에 넥 뒤→넥 앞으로 클리핑할 때 턱 아래 4cm 지점까지 클리핑한다.

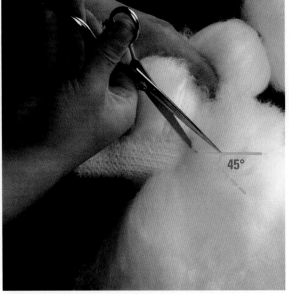

05

넥밴드를 클리핑하기 전에 귀를 올려서 잡고, 첫 번째 가이드라인을 귀뿌리 뒤 지점에서 약 45°각을 주어 커트한다.

CAUTION 첫 번째 가이드라인을 귀뿌리 뒤에서 수평(0°)으로 커트하면 후두부를 알파벳 U자 형태로 표현하기 어렵다.

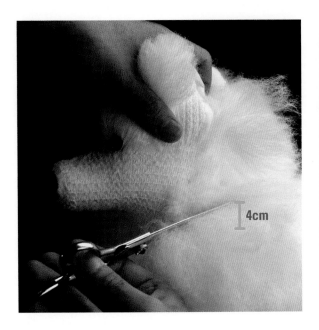

06

두 번째 가이드라인을 백라인 높이 약 4cm에 맞추어 커트한다.

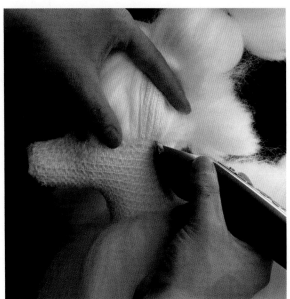

07

후두부를 알파벳 U자 형태로 클리핑한다.

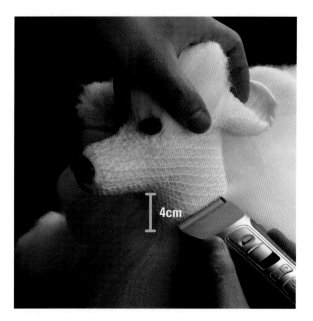

08 _____

넥라인을 목 뒤부터 턱 아래 약 4cm 지점까지 약 30°각을 주고 내려가면서 클리핑하고, 정면에서 보았을 때 좌우 대칭으로 알파벳 U자 같은 V자로 표현한다.

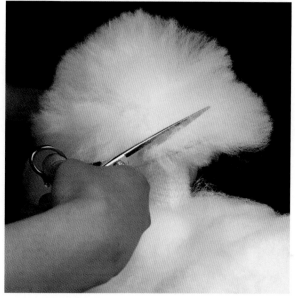

09 _____

크라운은 작업의 효율성을 위해 먼저 전후 좌우 불필요한 털을 커트해야 하고, 크라운 후면을 털 길이 절반으로 수직으로 커트한다.

10 _____

크라운 좌·우 측면은 코 기준의 중심선에 따라서 좌우대칭으로 털 길이 절반(1/2)을 수직으로 커트한다.

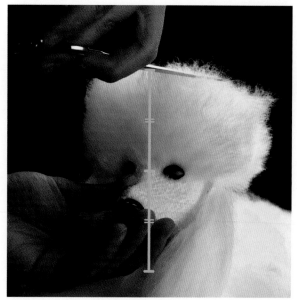

11 _____

크라운 상단을 정면에서 보았을 때 스톱 기준하여 상하대칭으로 스톱부터 턱 아래 약 4cm까지 길이와 동일한 길이로 수평으로 커트한다.

12 _____

크라운의 전후 좌우 측면을 45°각을 주어 커트하고, 눈과 이미지너리라인과 귀뿌리 경계선이 보이도록 라운딩한다.

13 _____

풋라인은 털을 아래방향으로 코밍하고, 좌측 뒷발부터 반시계방향으로 움직이면서 커트하고, 네 개의 발등 높이가 균등하게 보이도록 커트한다.

(Tip) 시야 확보를 위하여 바깥쪽의 불필요한 털을 먼저 제거하고, 안쪽의 털을 커트한다.

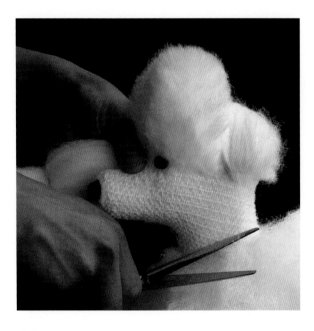

14 _____

넥라인 블렌딩은 먼저 넥라인 주변부의 불필요한 털을 제거하고, 앞가슴과 어깨의 볼륨을 상상하면서 가위를 움직인다.

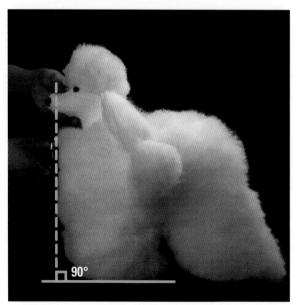

15 _____

체장(몸 길이)을 결정할 때 먼저 체장 앞면을 커트하고 체장 뒷면을 커트한다. 체장 앞면은 머즐의 1/3 지점을 기준하여 앞가슴을 수직으로 커트한다.

16

체장 뒷면을 커트할 때 대퇴를 약 4cm를 남겨서 수직으로 커트하고, 견체의 가랑이 아래방향 손가락 한마디 (1~2cm) 지점까지만 커트한다.

CAUTION 앵귤레이션 작업을 위하여 하퇴를 커트하지 않는다.

17

체고(몸 높이)는 백라인을 약 4cm 남기고 수평으로 커트하고, 등을 평평하게 레벨링한다.

Tip 밴드 클립은 램 클립과 다르게 패턴 작업을 위하여 초벌 때 백라인 부위의 털을 약 4cm를 남겨야 하고, 재벌 때 약 3cm가 된다.

18

좌·우 견갑 상완 전완은 견갑→상완→전완 순으로 커트하고, 먼저 견갑을 지면과 45°각을 주어 넥라인부터 흉골단 앞까지 커트한다.

Tip 견체의 정면에서 좌·우를 함께 작업하면 작업시간을 단축할 수 있다.

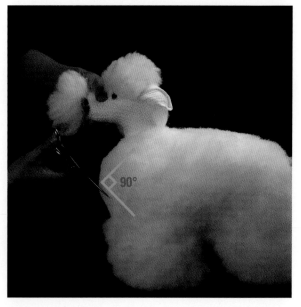

19

상완은 견갑과 90°각을 이루고, 앞가슴 볼륨을 고려하면서 흉골단 앞부터 전완까지 사선으로 커트한다.

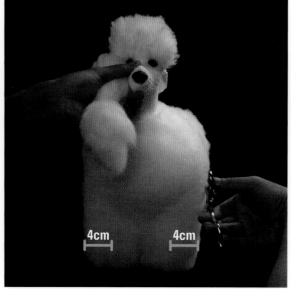

20

전완은 발끝 앞 약 2cm 기준의 수직선에 따라서 가랑이 아래 손가락 한마디(1~2cm) 지점부터 아래방향으로 수직으로 커트한다.

21

좌·우 견갑 앞다리 외측면은 코 기준의 중심선에 따라서 좌우대칭으로 커트하고, 견갑은 볼륨 있게 둥글게 커트하고, 앞다리 외측면은 흉골단 높이에서 약 4cm를 남기고 아래방향으로 수직으로 커트한다.

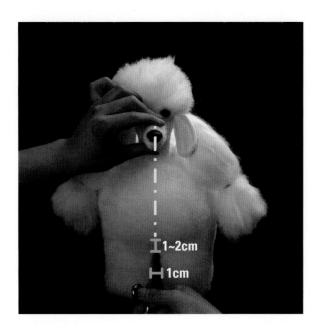

22

앞다리 내측면은 먼저 코 기준의 중심선에 따라서 가랑이 아래 손가락 한마디(1~2cm) 지점에서 내측면의 시작점을 커트하고, 시작점부터 좌·우 앞다리 간격(Span)은 약 1cm를 유지하며, 11자 형태로 형태로 수직이 되도록 커트한다.

23

전반신 앞다리 라운딩은 코 기준하여 좌우대칭으로 라운딩하고, 앞가슴은 반구의 형태이고, 앞다리는 원통형(Cylinder)으로 라운딩하고, 전완과 풋라인을 연결하면서 정면에서 보았을 때 풋라인이 알파벳 U자 형태가 되도록 라운딩한다.

(Tip) 앞가슴을 라운딩할 때 커브가위(Curved Scissors)를 사용하면 작업시간을 단축할 수 있다.

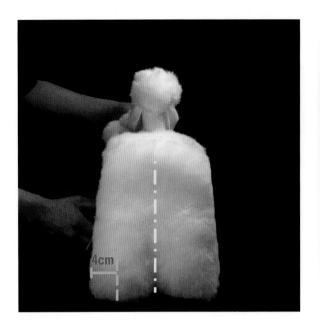

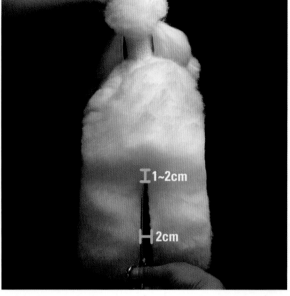

24

좌·우 엉덩이 뒷다리 외측면(A-line)은 꼬리 구멍을 기준하는 중심선에 따라서 좌우대칭으로 커트하고, 후면에서 보았을 때 알파벳 A자 형태이고, 외측면을 약 4cm를 남기고 커트한다.

25

뒷다리 내측면은 꼬리 구멍을 기준하는 중심선에 따라서 가랑이 아래 손가락 한마디(1~2cm) 지점에서 내측면의 시작점을 커트하고, 시작점부터 좌·우 뒷다리 간격(Span)은 약 2cm를 유지하며, 11자 형태로 수직이 되도록 커트한다.

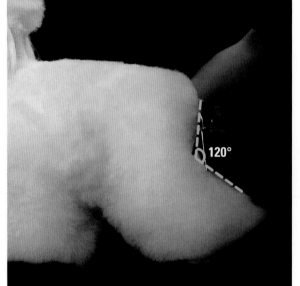

26

좌·우 호크는 지면과 45°각을 주어 직선으로 커트한다.

27

좌·우 앵귤레이션은 대퇴와 하퇴가 120°각을 이루고, 길이 비율이 1:1이 되도록 커트한다.

CAUTION 가위날 안으로 앵귤레이션을 작업하면 털이 많이 눌리고, 하퇴와 호크가 작아지기 쉬우므로 가위날 끝을 사용한다.

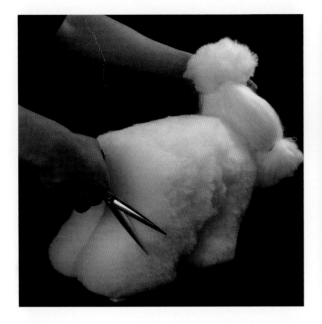

28 _____

후반신 뒷다리 라운딩은 꼬리 구멍을 기준하여 좌우대칭
으로 라운딩하고, 엉덩이는 아치형이고, 뒷다리는 휘어진
파이프처럼 라운딩하고, 호크와 풋라인을 연결하면서 후
면에서 보았을 때 풋라인이 알파벳 U자 형태가 되도록 라
운딩한다.

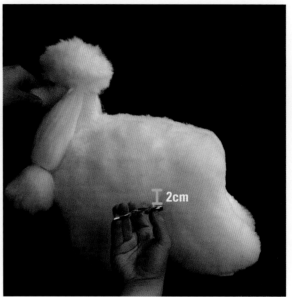

29 _____

좌측면 턱업 언더라인은 먼저 견체를 윗면에서 보았을 때
견갑과 엉덩이 외측면이 같은 선 상에 있도록 나란하게 커
트하고, 언더라인의 시작점인 턱업을 2cm를 남기고 수평
으로 커트한다.

30 _____

턱업부터 엘보우까지 언더라인을 사선으로 커트한다.

> (Tip) 엘보우 위치는 앞가슴 하단과 동일하다.

31 _____

앞다리 뒤쪽을 약 4cm를 남기고, 엘보우부터 아래방향으
로 수직으로 커트한다.

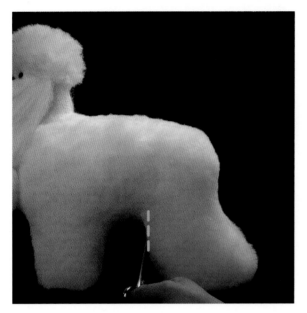

32

뒷다리 앞쪽을 먼저 턱업부터 아래방향으로 수직으로 커트한다.

 CAUTION 뒷다리 앞쪽을 바로 턱업부터 발끝을 향하여 사선으로 커트하면 무릎을 표현하기 어렵다.

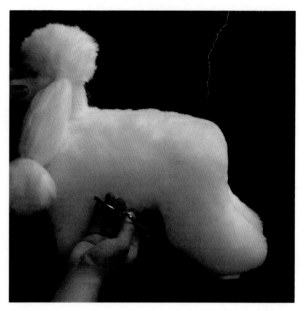

33

뒷다리 앞쪽을 스타이플(Stifle) 높이에서 발끝을 향하여 사선으로 커트한다. 우측면 턱업 언더라인은 좌우대칭으로 작업하고, 라운딩한다.

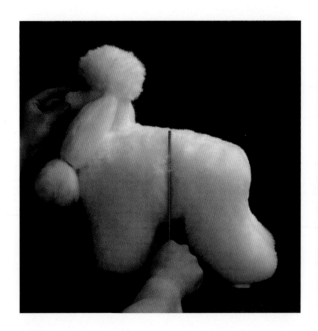

34

좌측면 허리 밴드는 먼저 밴드의 좌우를 자켓 라인(Jacket Line)과 팬츠 라인(Pants Line)으로 정의한다. 자켓 라인은 라스트립(Last Rib) 뒤 약 0.5cm 지점의 수직선이고, 팬츠 라인은 턱업 지점의 수직선으로 설정한다.

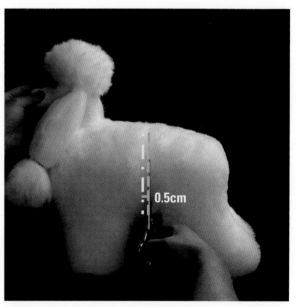

35

자켓 라인을 라스트립 뒤 약 0.5cm 지점에서 수직으로 커트한다.

CAUTION 자켓 라인을 라스트립 앞에 설정하면 밸런스(Balance)를 맞추기가 어렵다.

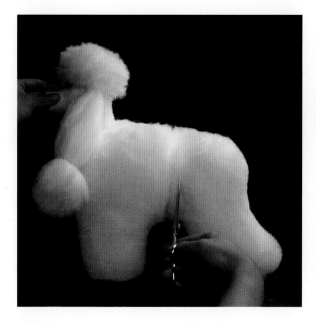

36 _____

팬츠 라인을 턱업 지점에서 수직으로 커트한다.

> **Tip** 클리핑할 때 두 가이드라인(자켓 라인과 팬츠 라인)의 폭보다 조금 더 넓게 클리핑되기 때문에 두 가이드라인을 폭이 1.5cm가 되도록 수직으로 커트한다.

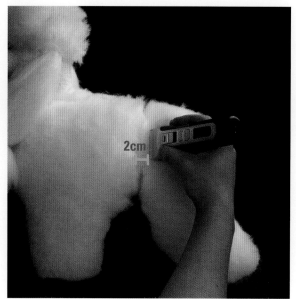

37 _____

밴드 폭이 약 2cm가 되도록 뒤(팬츠 라인)→앞(자켓 라인) 방향으로 수직으로 클리핑한다.

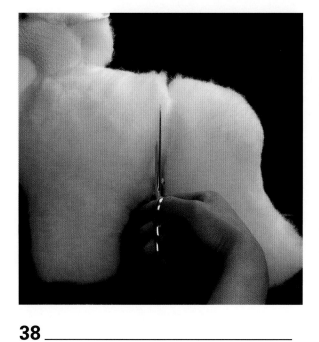

38 _____

밴드 주변부를 정리하여 시야를 확보하고, 다시 클리핑한다.

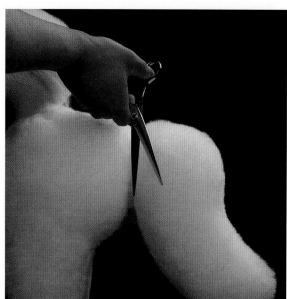

39 _____

밴드 주변부를 라운딩하여 팬츠라인(클리핑 라인)을 명확하게 보이도록 한다.

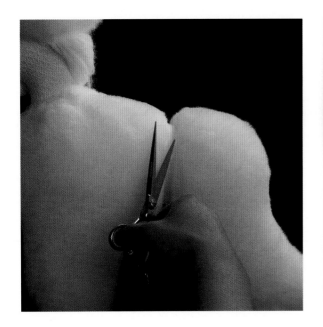

40 _____

밴드 주변부를 라운딩하여 자켓 라인(클리핑 라인)을 명확하게 보이도록 한다. 우측면 허리 밴드는 좌우대칭으로 작업한다.

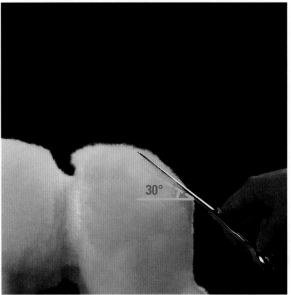

41 _____

좌골은 패턴 작업 후 30°각을 주어 커트하고 라운딩한다.

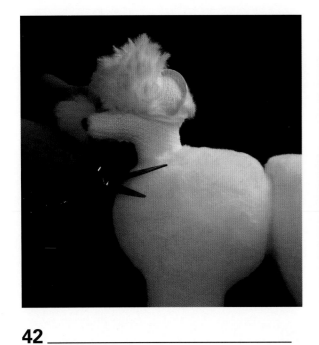

42 _____

좌반신 면처리는 반시계방향으로 상체→하체 순으로 진행하고, 면을 매끄럽게 면처리한다.

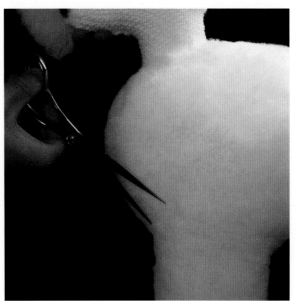

43 _____

앞가슴을 볼륨감 있게 면처리하고, 상완과 전완의 경계를 표현한다.

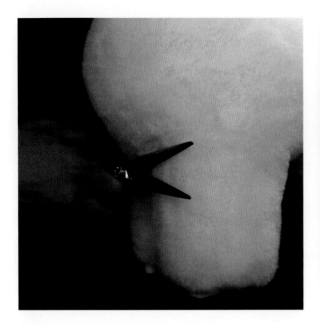

44 _____

전완을 원통형으로 면처리하고, 전완과 풋라인을 연결하면서 정면에서 보았을 때 풋라인이 알파벳 U자 형태로 면처리한다.

45 _____

엉덩이와 뒷다리는 후면에서 보았을 때 알파벳 A자 형태로 면처리하고, 엉덩이는 아치형이고, 앵귤레이션을 강조하고, 호크와 풋라인을 연결하면서 풋라인을 알파벳 U자 형태로 면처리한다.

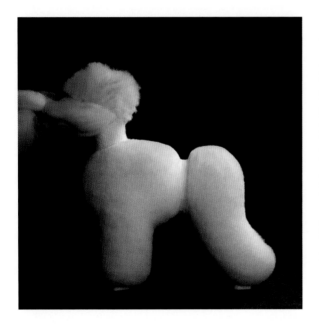

46 _____

좌반신 면처리를 완료하고, 우반신 면처리는 반시계방향으로 하체→상체 순으로 진행하고, 좌우대칭으로 면처리 작업을 한다.

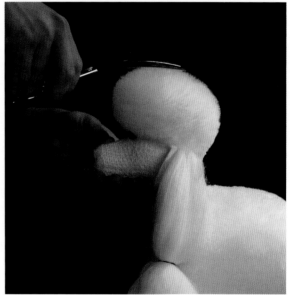

47 _____

크라운 재벌은 크라운 앞면과 후면의 볼륨감을 주고, 눈과 이미지너리라인(클리핑 라인)과 귀뿌리 경계선이 명확하게 보이도록 작업한다.

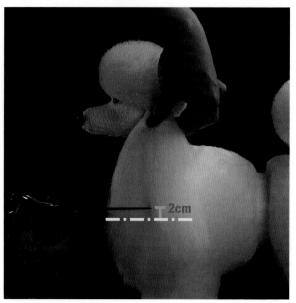

48 —————————————————————

폼폰은 지름이 약 8cm가 되는 구의 형태로 라운딩한다.

> (Tip) 커브가위를 사용하면 작업시간을 단축할 수 있다.

49 —————————————————————

이어 프린지는 먼저 밴딩가위를 사용하여 밴드를 완전히 제거하고, 흉골단보다 2cm 높게 설정하고 둥글게 커트한다. 정면에서 보았을 때 좌·우 이어 프린지 위치가 같도록 좌우대칭으로 커트한다.

> **CAUTION** 미용가위를 사용하여 밴드를 자르면 안 된다.

COMPLETED

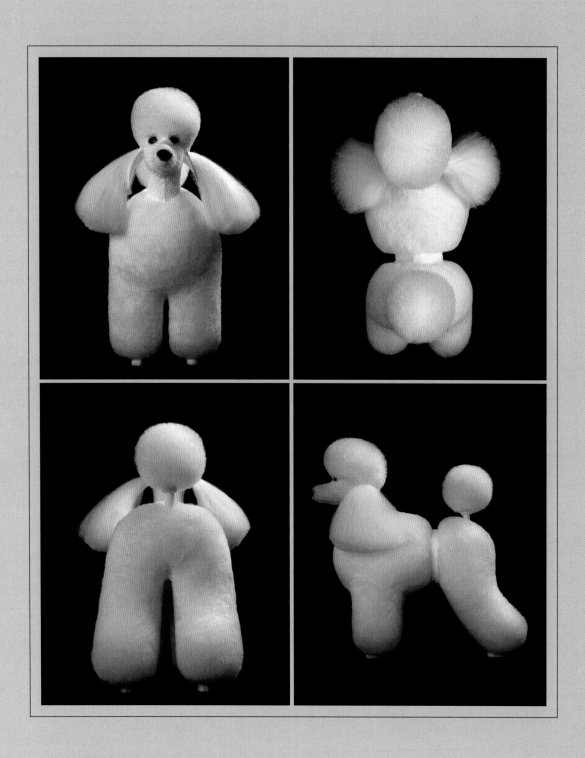

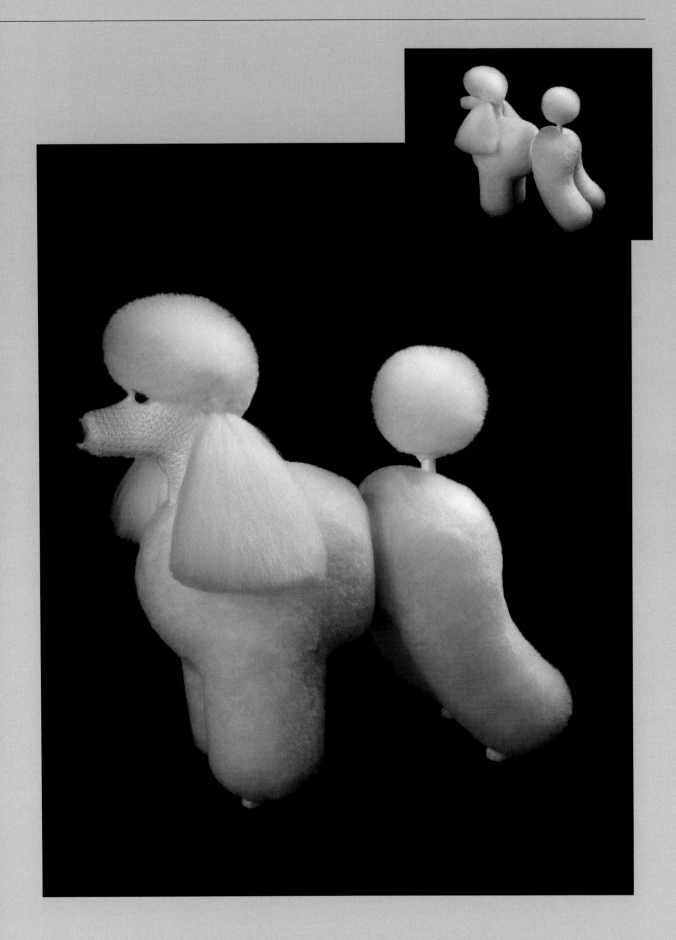

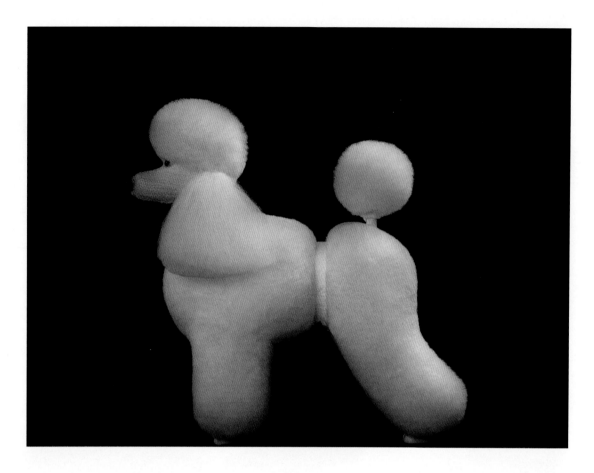

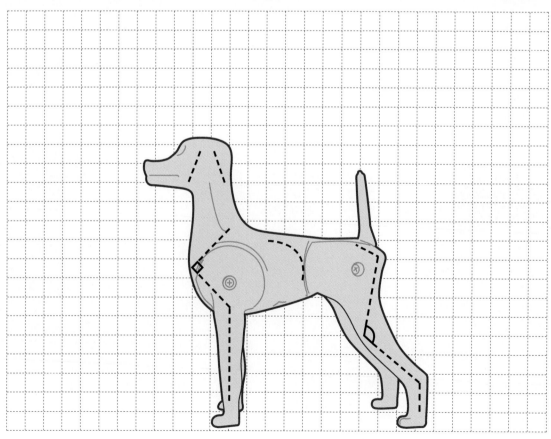

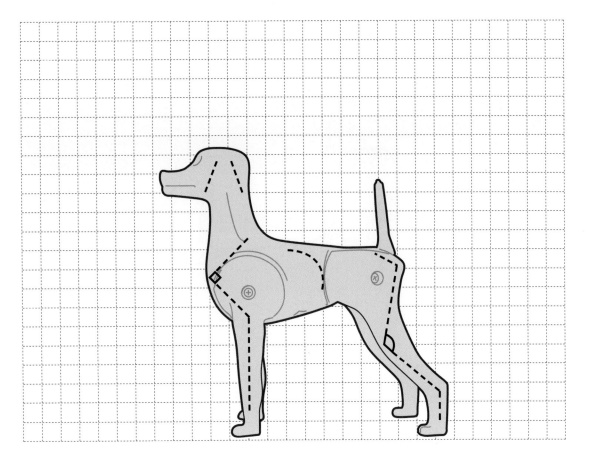

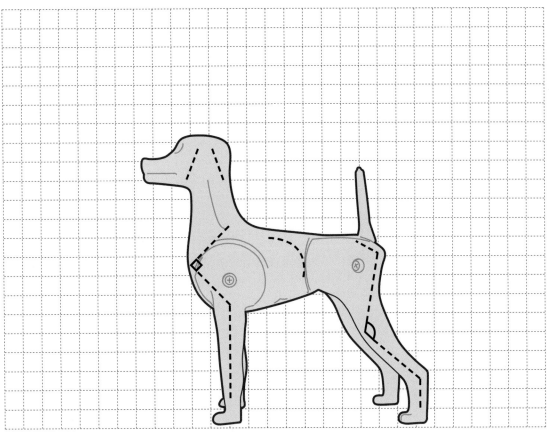

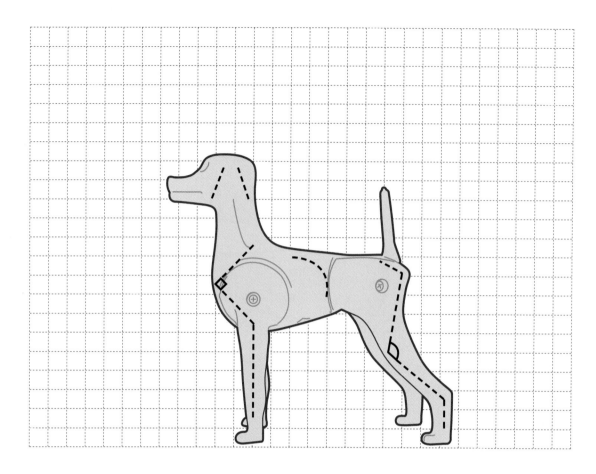

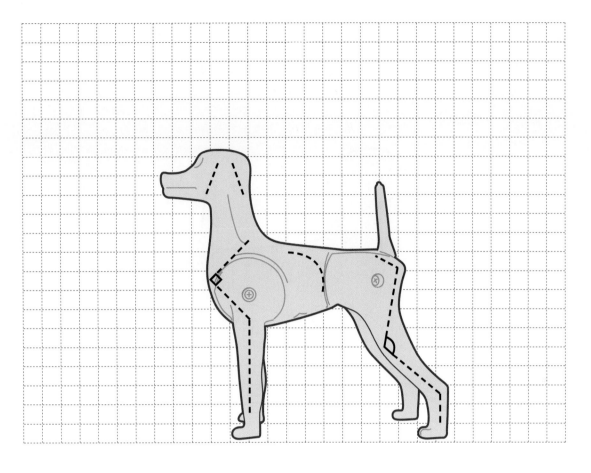

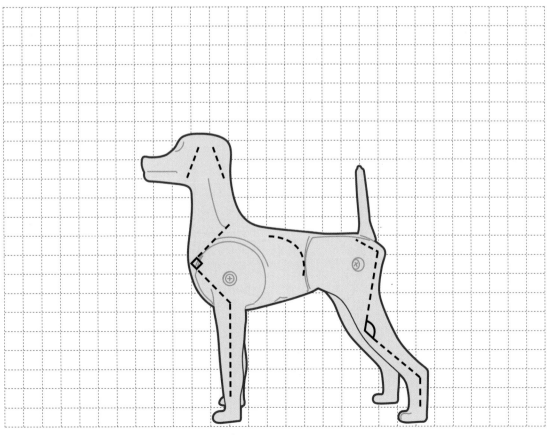

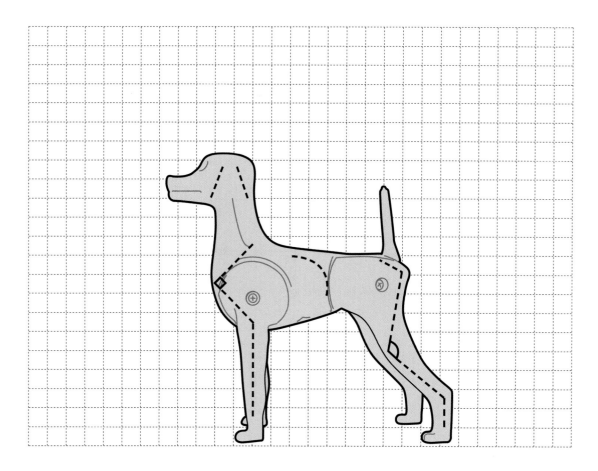

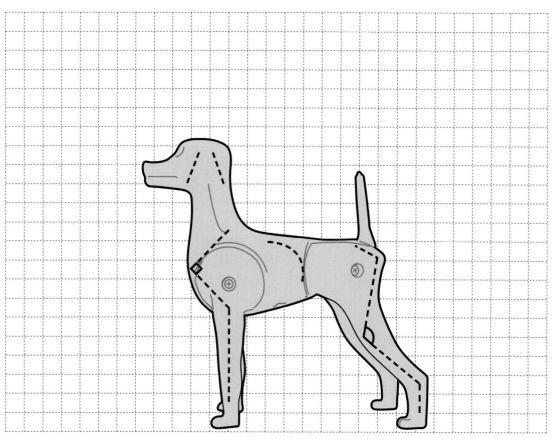

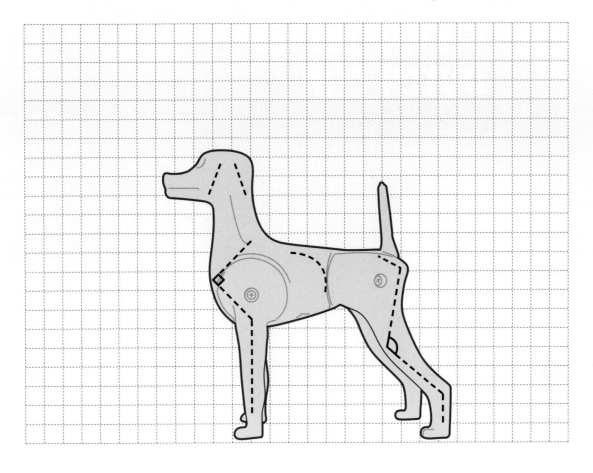

03 더치 클립
DUTCH CLIP

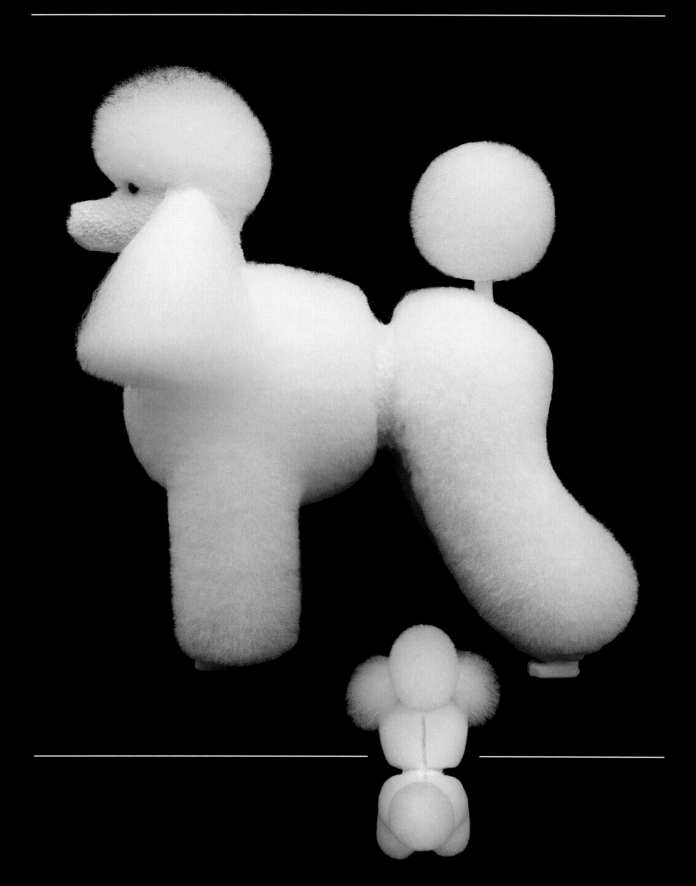

더치 클립

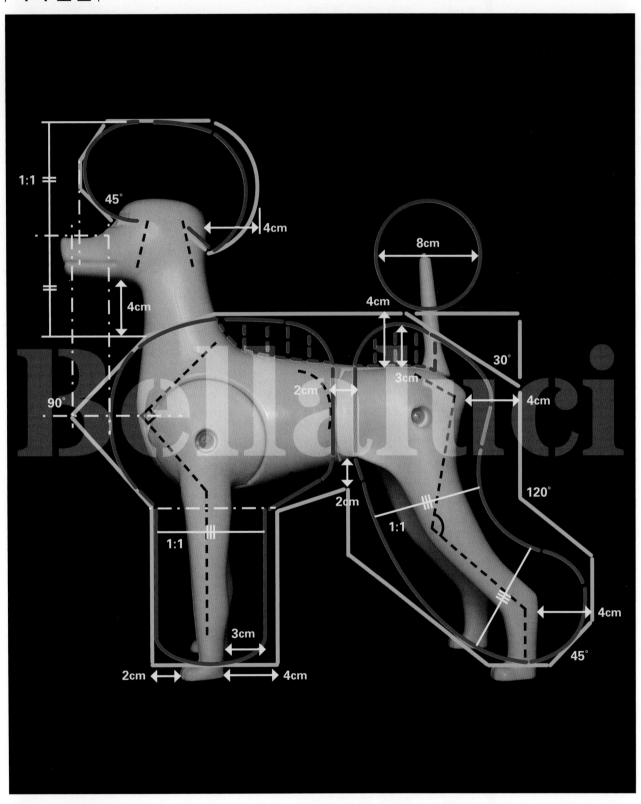

초벌라인

패턴 재벌라인

기준라인

치수라인

PROCESS |작업순서

초벌

5 min   **얼굴 넥밴드 클리핑**
(Face & Neckband Clipping)

1 min   **크라운**
(Crown)

4 min   **풋라인**
(Foot Line)

1 min   **넥라인 블렌딩**
(V-line, Neckline Blending)

1 min   **체장**
(Body Length)

1 min   **체고 백라인**
(Body Height, Backline)

2 min   **좌·우 견갑 상완 전완**
(Shoulder & Upper Arm & Forearm)

1 min   **좌·우 견갑 앞다리 외측면**
(Outer Line on the Front)

2 min   **앞다리 내측면**
(Span of Front Legs)

1 min   **전반신 앞다리 라운딩**
(Forequarters, Front Legs Rounding)

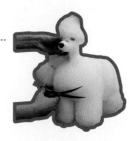

1 min   **좌·우 엉덩이 뒷다리 외측면**
(A-line, Outer Line on the Rear)

2 min   **뒷다리 내측면**
(Span of Hind Legs)

1 min   **좌·우 호크**
(Hocks)

2 min   **좌·우 앵귤레이션**
(Angulation)

1 min   **후반신 뒷다리 라운딩**
(Hindquarters, Hind Legs Rounding)

반려견스타일리스트 실기

	2 min	**좌측면 턱업 언더라인** (Tuck-up & Underline on the Left Side)
	2 min	**우측면 턱업 언더라인** (Tuck-up & Underline on the Right Side)
	30 min	**초벌 종료**
패턴	12 min	**허리 밴드** (Band Clipping Rounding on the Left/Right Side)
	7 min	**스트립** (Narrow Strip Clipping Rounding on the Backbone)
	1 min	**좌골** (Hipbone)
	20 min	**패턴 종료**
재벌	30 min	**좌반신 면처리** (Trimming the Left Side with Scissors)
	30 min	**우반신 면처리** (Trimming the Right Side with Scissors)
	5 min	**크라운** (Crown)
	4 min	**폼폰** (Pompon)
	1 min	**이어 프린지** (Ear Fringes)
	70 min	**재벌 종료**
완성	**120 min TOTAL**	

03 ◇ DUTCH CLIP

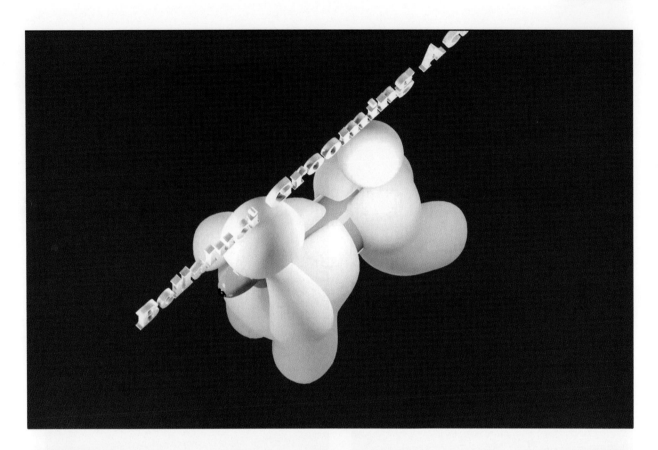

DUTCH CLIP

더치 클립은 과거 수십년 동안 가장 인기 있는 펫 푸들 스타일이었고, 1940~50년대에 굉장히 유행하였다. 더치 클립의 다리 형태는 부어오른 판타롱 같고, 더치맨의 헐렁한 바지를 연상시키므로 더치 클립명이 유래되었다. 패턴의 특징은 허리에 밴드를 클리핑하고, 백라인 위에 꼬리부터 목 중앙까지 스트립을 클리핑한다.

00 _____

위그를 견체에 세팅하고, 견체를 바로 세워 전체적으로 털이 길고 풍성해 보이도록 코밍한다. 브러싱과 코밍 상태가 양호해야 시저링이 잘 되고 작업시간을 단축할 수 있다.

01 _____

얼굴 넥밴드 클리핑은 먼저 스톱에서 코 끝 방향으로 머즐을 클리핑하여 과도한 털을 제거한다.

02 _____

이미지너리라인은 귀를 올려서 잡고, 직선으로 클리핑한다. 귀뿌리 아래, 이미지너리라인, 빰, 턱아래 순으로 클리핑하면 작업이 편하다.

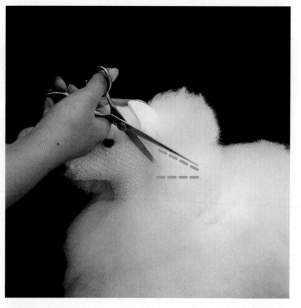

03 _____

넥밴드 클리핑은 클리퍼날이 들어갈 부분에 과도한 털을 가위로 먼저 제거한다. 클리핑 전에 시야 확보를 하면 클리핑 실수를 줄일 수 있다.

> **Tip** 클리핑이 익숙해지면 가위 작업을 생략하고 바로 클리핑할 수 있다.

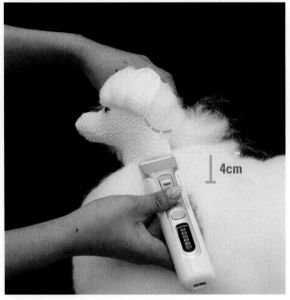

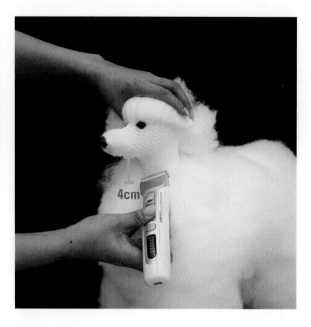

04

후두부 아래를 알파벳 U자로 클리핑하고, 백라인 높이 약 4cm 높이에 맞추어 위더스 윗면의 털을 클리핑한다.

CAUTION 후두부 아래를 수평으로 클리핑하면 후두부를 둥글게 표현하기 어렵다.

05

넥라인은 턱 아래 약 4cm 지점까지 30° 기울기로 내려가면서 클리핑한다. 정면에서 볼 때 넥라인은 좌우대칭으로 알파벳 U자 같은 V자로 표현한다.

06

크라운은 앞면의 과도한 털을 머즐 중간 지점에서 수직으로 커트한다. 후두부와 좌우 측면의 과도한 털을 각각 절반(1/2)씩 수직으로 커트한다.

07

크라운을 눈, 이미지너리라인, 귀뿌리가 보이도록 라운딩한다.

CAUTION 크라운 높이를 많이 자르면 전체적인 균형을 맞추기가 어렵다.

08 _____

풋라인은 좌측 뒷발부터 반시계방향으로 움직이면서 커트하고, 네 개의 발등 높이가 균등하게 보이도록 커트한다.

> **Tip** 풋라인은 작업속도를 위하여 다리 외측면의 과도한 털을 제거하면서 가위를 발등 방향으로 감아서 커트한다. 호크도 함께 작업 가능하다.

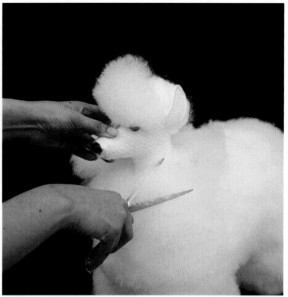

09 _____

넥라인 블렌딩은 넥라인의 과도한 털을 제거한다.

> **CAUTION** 넥라인 블렌딩할 때 가위를 수평으로 움직인다. 어깨를 많이 자르면 자켓의 볼륨 표현이 어렵다.

10 _____

체장(몸 길이)은 먼저 앞가슴(흉골단)을 머즐의 중간 지점보다 앞쪽에서 수직으로 커트한다.

11 _____

체장의 엉덩이(좌골단)는 약 4cm를 남겨서 수직으로 커트하고, 뒷다리 가랑이 아래 손가락 한마디(1~2cm) 지점까지만 커트한다.

> **CAUTION** 하퇴부를 많이 커트하면 앵귤레이션 작업이 어렵다.

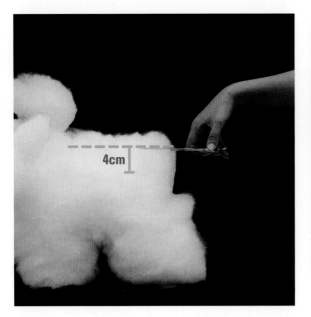

12 _____

체고(몸 높이)는 백라인을 약 4cm 남겨서 수평으로 커트한다. (백라인 레벨링)

> **Tip** 밴드 클립은 어깨의 볼륨 유지와 패턴 작업을 위하여 초벌 때 백라인의 털을 약 4cm를 남기고, 재벌 때 약 3cm로 작업한다.

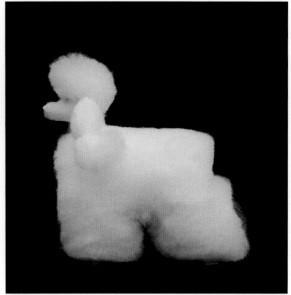

13 _____

체장 체고 작업을 완료한다.

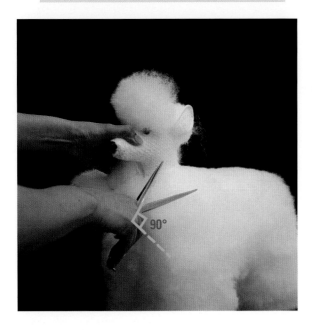

14 _____

견갑 상완 전완은 견갑→상완→전완 순으로 커트하고, 견갑과 상완은 약 90°각을 이룬다.

> **Tip** 견체의 정면에 서서 좌우를 함께 작업하면 작업시간을 단축할 수 있다.

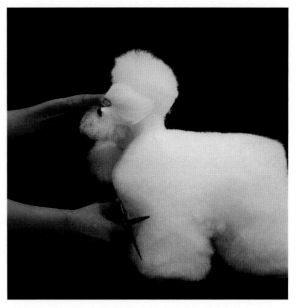

15 _____

상완은 앞가슴(흉골단)을 둥글게 표현하면서 커트하고, 흉심(가슴깊이)을 앞다리 가랑이 아래 1~2cm 지점에 설정한다. 전완은 발끝 앞 약 2cm 기준하여 수직으로 커트한다.

> **CAUTION** 흉심을 앞다리 가랑이보다 높게 잡으면 아랫 가슴을 둥글게 표현하기 어렵다.

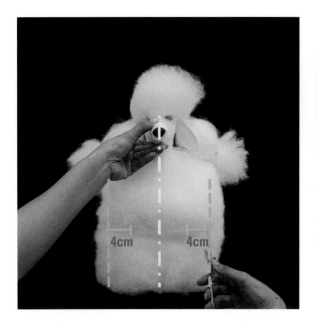

16 _____

견갑 앞다리 외측면은 코 기준의 중심선에 따라서 좌우대
칭으로 약 4cm를 남겨서 수직으로 커트한다.

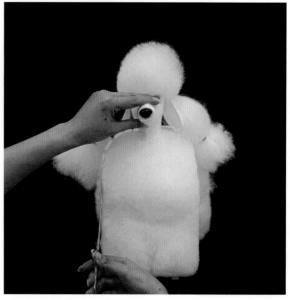

17 _____

정면에서 볼 때 좌우 견갑(어깨)의 볼륨을 유지하면서 외
측면을 커트한다.

> **CAUTION** 견갑 외측면을 사선으로 커트하면 어깨 볼륨을 표현하기 어
> 렵다.

18 _____

앞다리 내측면은 코 기준의 중심선에 따라서 먼저 가랑이
아래 1~2cm의 흉심을 수평으로 커트한다. 앞다리 간격
은 약 1cm이고, 11자로 수직으로 커트한다.

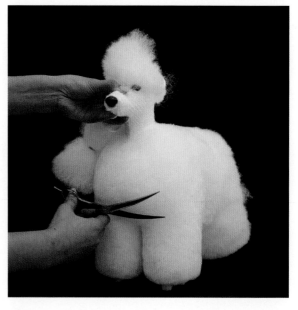

19 _____

전반신 앞다리 라운딩은 앞가슴을 돔 형태로 라운딩하고,
앞다리를 실린더 형태로 라운딩한다. 풋라인을 앞다리와
연결하면서 알파벳 U자 형태로 라운딩한다.

> **CAUTION** 앞가슴을 라운딩할 때 커브가위를 사용하면 작업시간을 단
> 축할 수 있다.

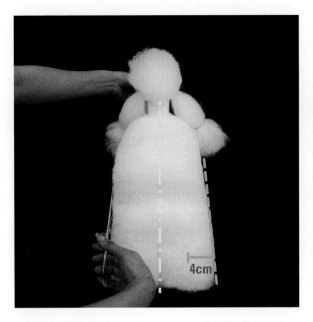

20

엉덩이 뒷다리 외측면은 꼬리 구멍을 기준하는 중심선에
따라서 둥근 알파벳 A자 형태이다. 엉덩이는 아치형이고
뒷다리 외측면은 약 4cm를 남기고 커트한다.

CAUTION 엉덩이를 뾰족하게 커트하면 엉덩이 볼륨을 표현하기 어렵다.

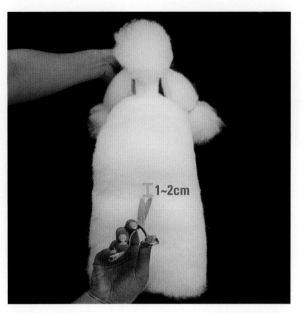

21

뒷다리 내측면은 꼬리 구멍을 기준하는 중심선에 따라서
가랑이 아래 1~2cm 지점에서 내측면의 시작점을 수평
으로 커트한다.

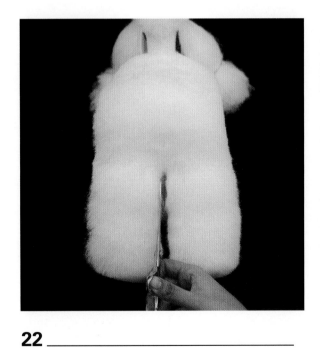

22

뒷다리 간격은 약 2cm이고, 11자로 수직으로 커트한다.

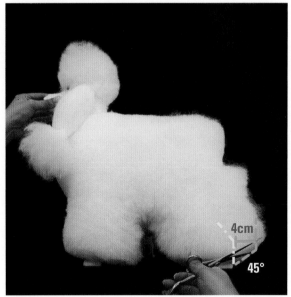

23

호크는 지면과 45° 기울기로 커트하고, 호크 뒤쪽의 털을
약 4cm 남겨서 커트한다.

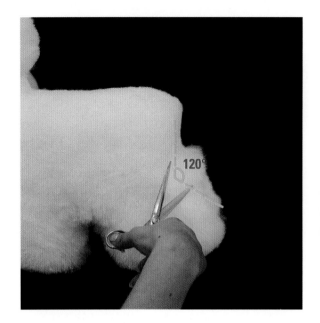

24

앵귤레이션은 가위날의 끝날을 이용하여 작업하고, 대퇴와 하퇴가 120° 각을 이루며 길이 비율이 1:1 되도록 커트한다.

CAUTION 앵귤레이션을 가위날의 중날(안쪽날)로 작업하면 털이 많이 눌리고 앵글 표현이 어렵다.

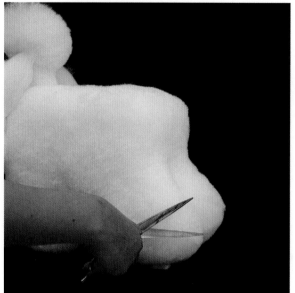

25

후반신 뒷다리 라운딩은 엉덩이를 아치형으로 라운딩하고, 뒷다리를 원통형으로 라운딩한다. 풋라인을 호크와 연결하면서 후면에서 볼 때 알파벳 U자 형태로 라운딩한다.

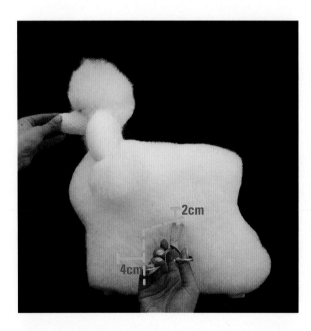

26

턱업 언더라인은 먼저 턱업 아래 약 2cm 지점을 수평으로 커트하고, 턱업부터 엘보우까지 언더라인을 사선으로 커트한다. 앞다리 뒷면은 약 4cm를 남기고 수직으로 커트한다.

CAUTION 언더라인을 수평으로 자르면 흉곽(갈비통)을 표현하기 어렵다.

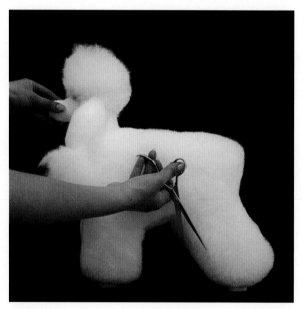

27

뒷다리 앞면은 턱업부터 발등까지 스타이플(무릎)을 고려하여 둥글게 커트한다.

Tip 턱업 아래를 먼저 수직으로 커트한 후에 라운딩하면 무릎 표현이 쉬워진다.

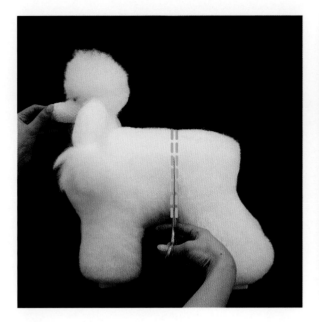

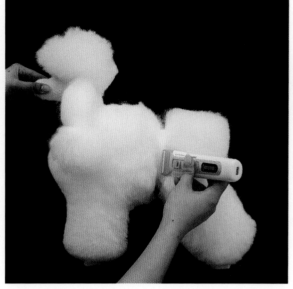

28 _____

허리 밴드는 라스트립 뒤 약 0.5cm 지점에서 자켓라인을
수직으로 커트하고, 턱업 지점에서 팬츠 라인을 수직으로
커트한다. 클리핑 전에 밴드 주변부를 라운딩한다.

CAUTION 팬츠 라인을 턱업 뒤에 설정하면 상체와 하체의 밸런스를 맞
추기가 어렵다.

29 _____

허리 밴드 폭이 약 2cm가 되도록 수직으로 클리핑한다.
밴드 주변부를 라운딩하면서 클리핑 라인이 명확하게 보
이도록 다시 클리핑한다.

Tip 허리 밴드를 클리핑할 때 밴드 폭이 더 넓게 클리핑
되므로 두 가이드라인의 폭을 조금 좁게 커트한다.

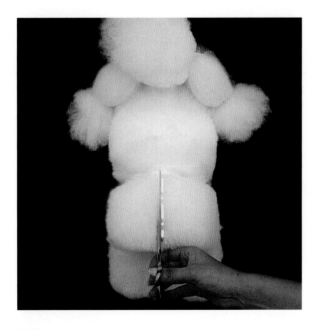

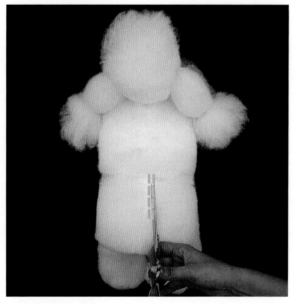

30 _____

스트립은 견체의 후면에서 내려다보며 팬츠→자켓 순으
로 작업한다. 먼저 팬츠 윗면을 꼬리 구멍을 포함하여 백
라인의 중심선에 따라서 직선으로 커트한다.

31 _____

팬츠 스트립의 폭이 약 1cm가 되도록 중심선의 좌우를
평행하게 커트한다. 클리핑 전에 가위로 작업하면 클리핑
실수를 줄일 수 있다.

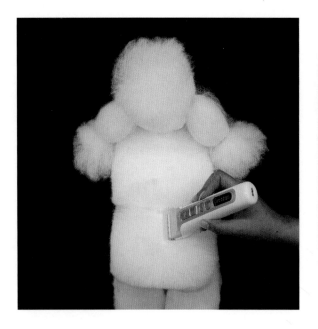

32 _____

팬츠 스트립의 폭이 약 1.5cm가 되도록 클리핑한다. 스
트립의 폭은 꼬리 뿌리의 두께와 같다.

> **Tip** 견체의 후면에서 클리핑된 목의 중심을 보면서 클리
> 핑하면 중심선에 맞게 클리핑할 수 있다.

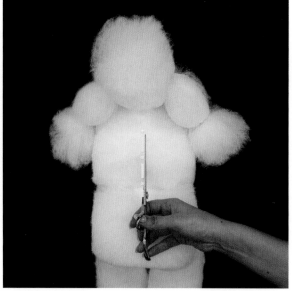

33 _____

자켓 스트립의 중심선을 직선으로 커트하고, 폭이 약
1cm가 되도록 중심선의 좌우를 평행하게 커트한다.

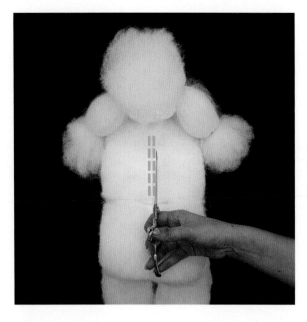

34 _____

자켓 스트립의 폭이 약 1cm가 되도록 중심선의 좌우를
평행하게 커트한다. 클리핑 전에 가위로 작업하면 클리핑
실수를 줄일 수 있다.

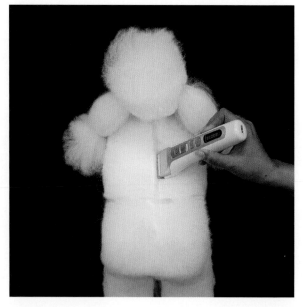

35 _____

자켓 스트립의 폭이 약 1.5cm가 되도록 클리핑한다. 스
트립은 허리 밴드와 수직으로 교차하며, 스트립 폭은 허리
밴드의 폭보다 작다.

> **CAUTION** 자켓 스트립을 클리핑할 때 위더스 주변부의 위그가 터지기
> 쉬우므로 주의해서 클리핑한다.

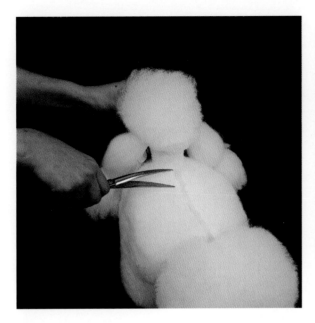

36

자켓 스트립 주변부를 클리핑 라인이 보이도록 라운딩한다.

CAUTION 자켓 높이가 낮아지지 않도록 주의한다.

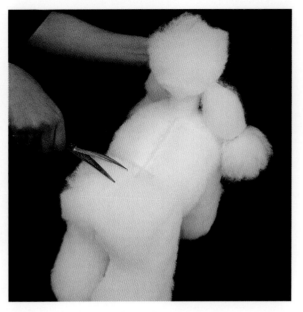

37

팬츠 스트립 주변부를 클리핑 라인이 보이도록 라운딩한다.

30°

38

좌골은 패턴 작업 후 30°각을 주어 커트하고 라운딩한다.

Tip 패턴(허리 밴드) 작업에 따라서 좌골 라인이 달라지
므로 패턴 작업 후에 좌골을 커트하는 것이 좋다.

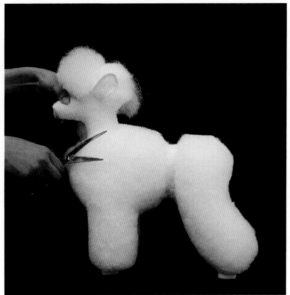

39

면처리는 좌측면부터 시작하고, 동선을 반시계방향으로
진행한다. 앞가슴과 어깨를 연결하고, 상체와 하체를 함께
보면서 균형을 맞춘다. 클리핑 라인이 명확하게 보이도록
패턴 주변부를 라운딩한다.

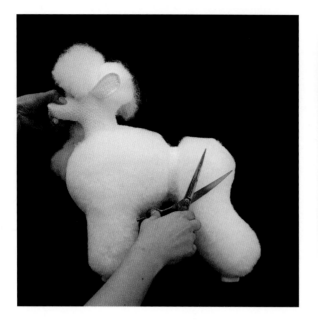

40 _____

좌골, 앵귤레이션, 호크의 아웃라인을 강조하면서 하체를
라운딩한다.

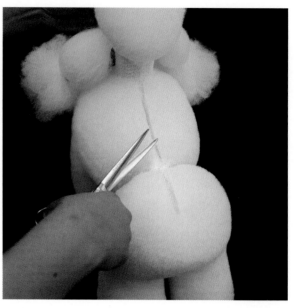

41 _____

패턴 주변부를 민가위 끝날로 면처리한다.

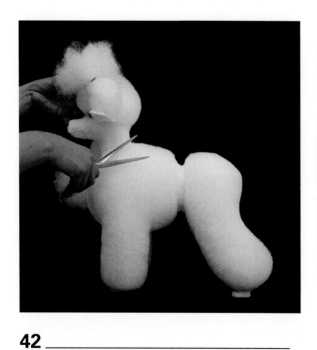

42 _____

상체를 민가위 끝날로 면처리한다.

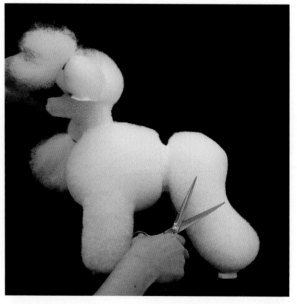

43 _____

하체를 민가위 끝날로 면처리한다.

44 _____

크라운은 눈, 이미지너리라인, 귀뿌리가 명확하게 보이도록 라운딩한다.

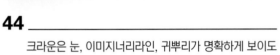
Tip 클리핑 라인이 깔끔하면 완성도가 높아 보인다.

45 _____

크라운의 아웃라인을 연결하면서 면처리한다.

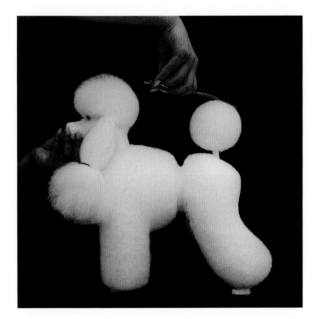

46 _____

폼폰은 지름이 약 8cm의 구의 형태로 라운딩한다.

Tip 커브가위를 사용하면 작업시간을 단축할 수 있다.

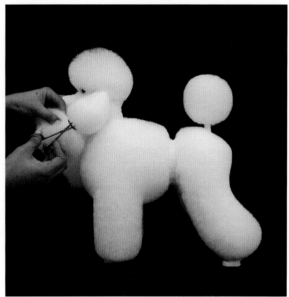

47 _____

이어 프린지는 먼저 밴딩가위를 사용하여 밴드를 완전히 제거한다.

CAUTION 미용가위로 밴드를 자르면 안 된다. 미용가위는 털만 자르도록 한다.

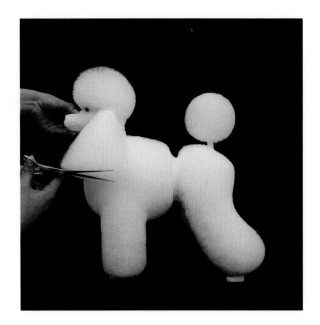

48

이어 프린지 높이는 흉골단보다 약 2cm 높게 수평으로
커트한다. 정면에서 볼 때 좌우 이어 프린지의 높이가 같
아야 한다.

Tip 귀 끝이 단정해야 완성도가 높아 보인다.

COMPLETED

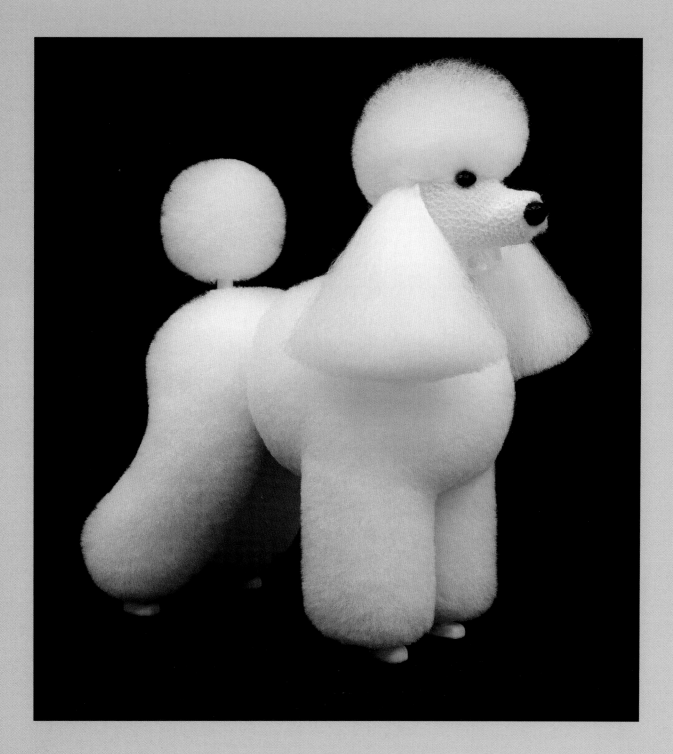

반려견스타일리스트 실기

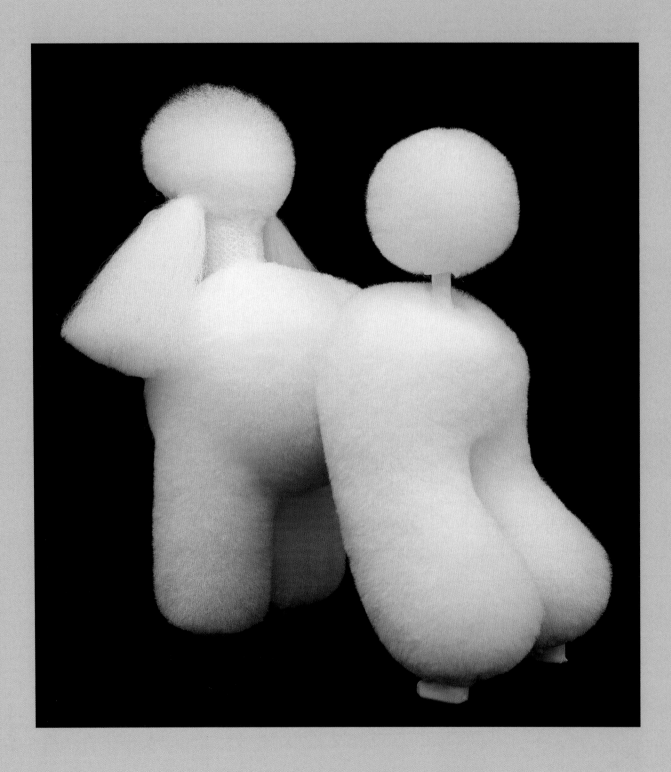

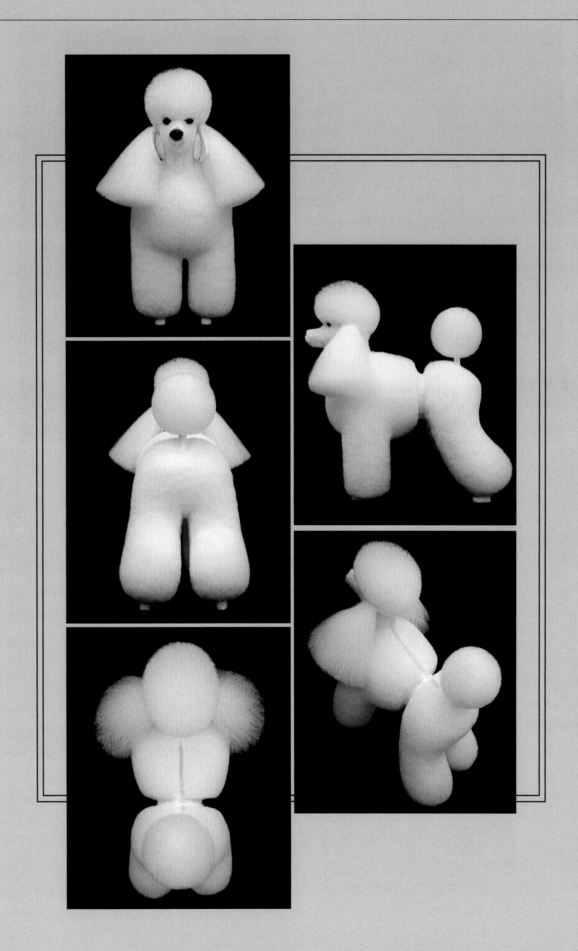

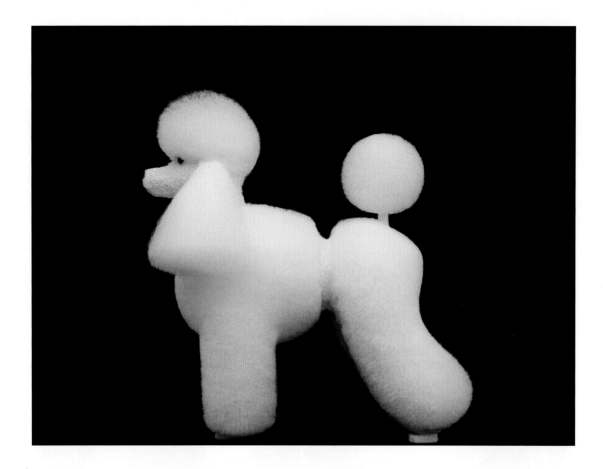

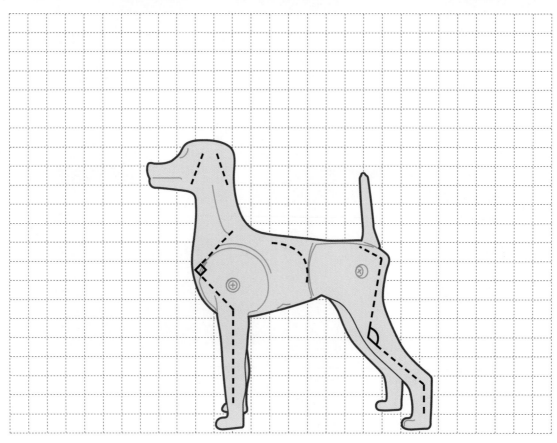

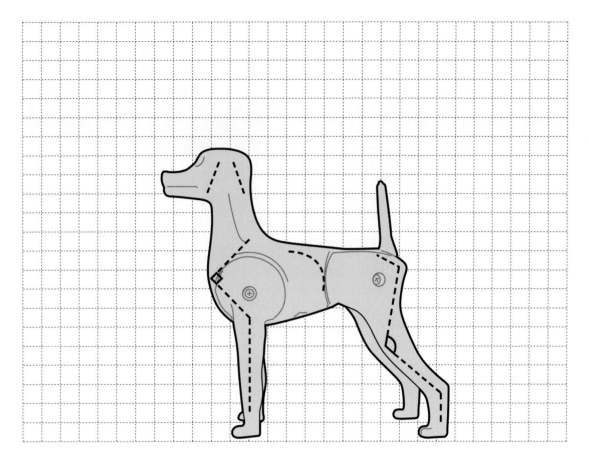

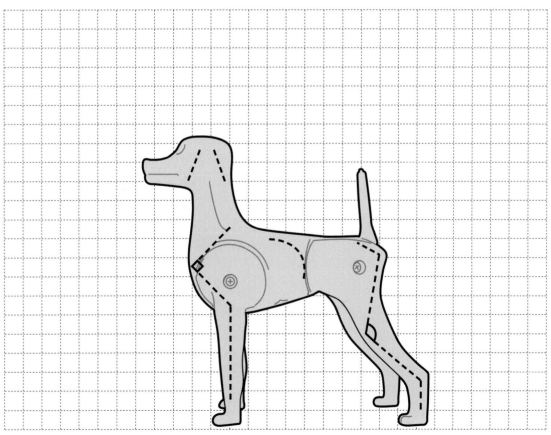

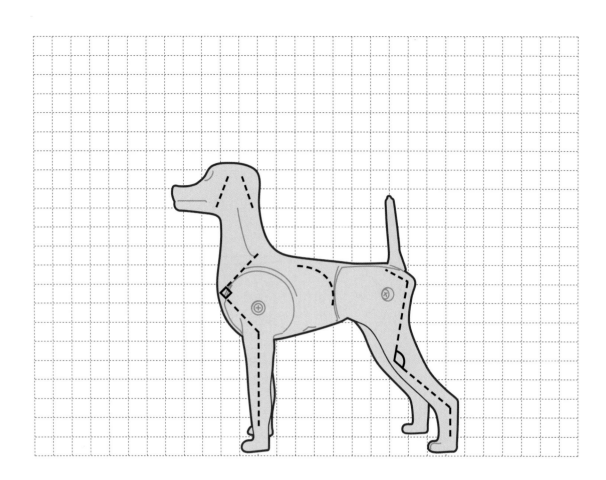

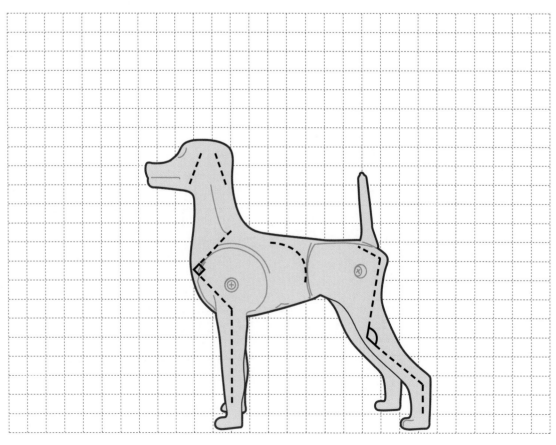

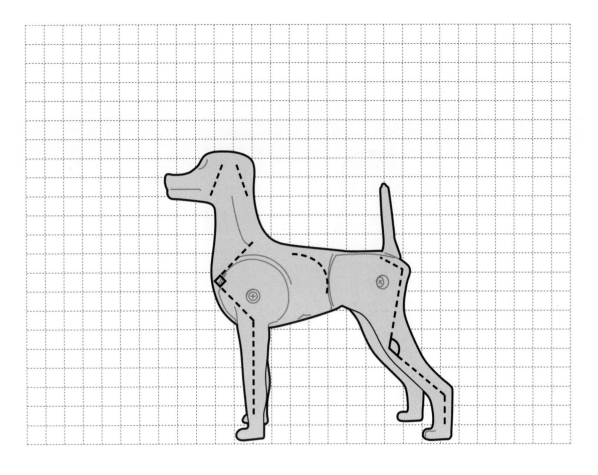

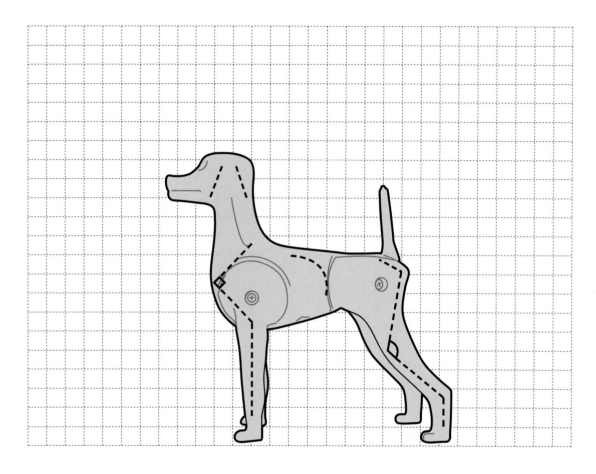

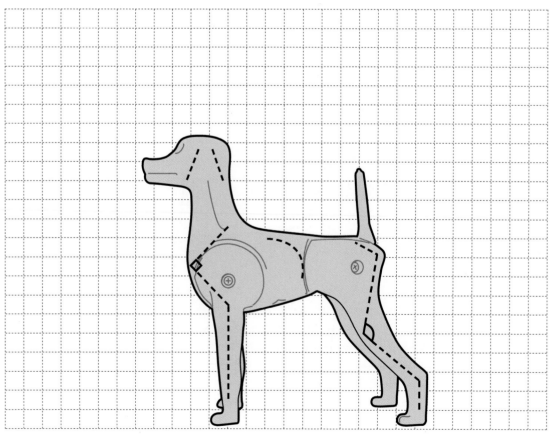

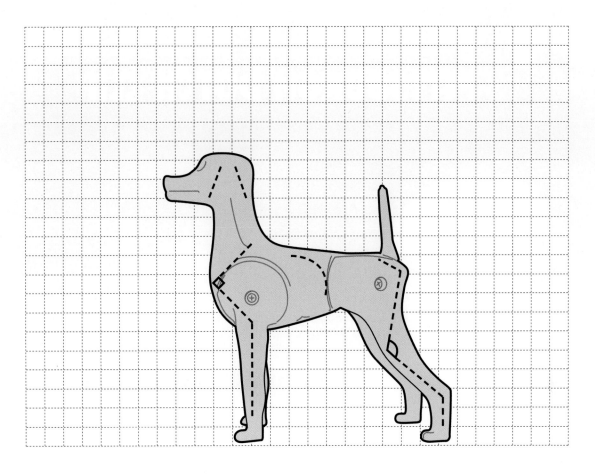

04 피츠버그 더치 클립
PITTSBURGH DUTCH CLIP

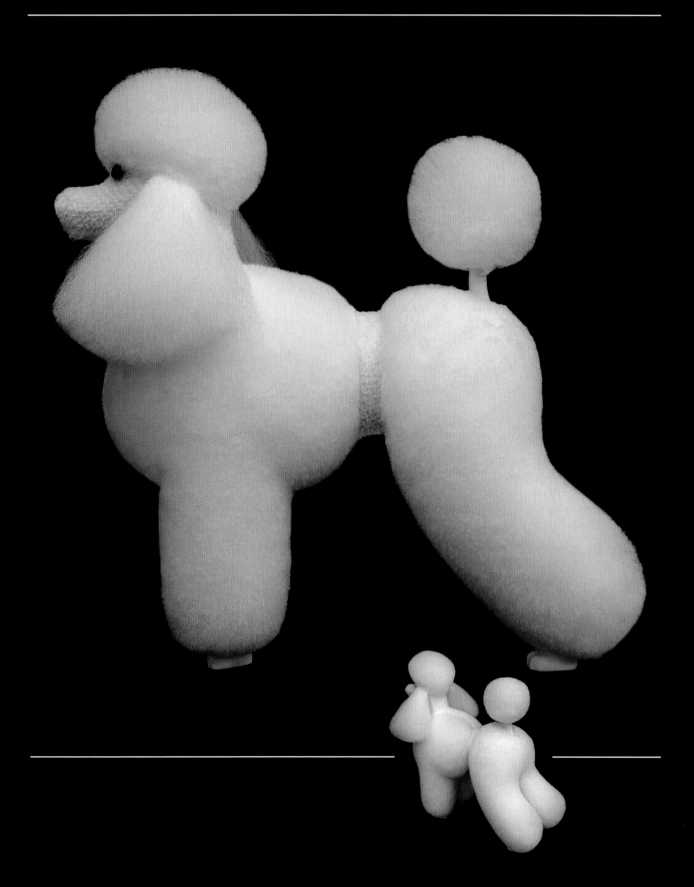

피츠버그 더치 클립

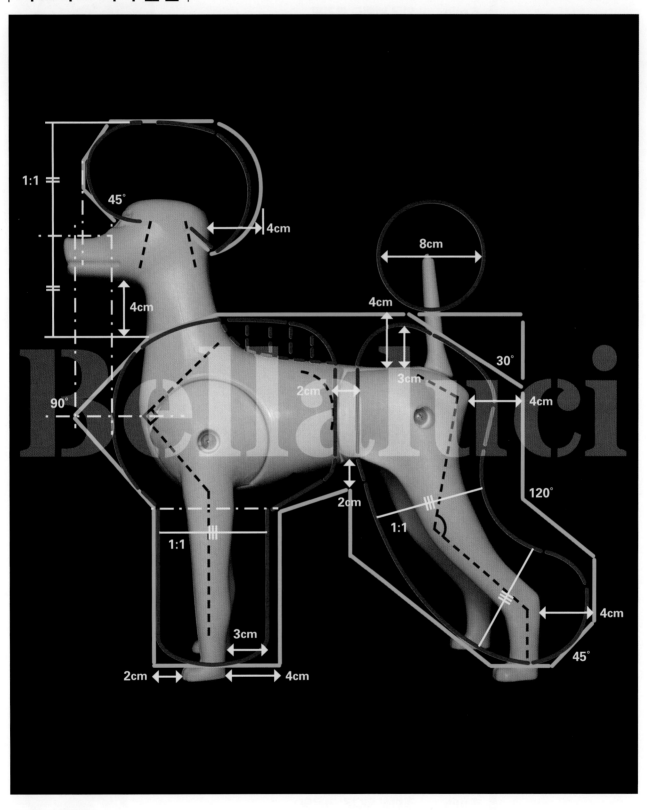

초벌라인
패턴 재벌라인
기준라인
치수라인

PROCESS |작업순서

초벌

5 min 얼굴 넥밴드 클리핑 -
(Face & Neckband Clipping)

1 min 크라운
(Crown)

4 min 풋라인
(Foot Line)

1 min 넥라인 블렌딩
(V-line, Neckline Blending)

1 min 체장
(Body Length)

1 min 체고 백라인
(Body Height, Backline)

2 min 좌·우 견갑 상완 전완
(Shoulder & Upper Arm & Forearm)

1 min 좌·우 견갑 앞다리 외측면
(Outer Line on the Front)

2 min 앞다리 내측면
(Span of Front Legs)

1 min 전반신 앞다리 라운딩 - - - - - - - - - - - - - - - - -
(Forequarters, Front Legs Rounding)

1 min 좌·우 엉덩이 뒷다리 외측면
(A-line, Outer Line on the Rear)

2 min 뒷다리 내측면
(Span of Hind Legs)

1 min 좌·우 호크
(Hocks)

2 min 좌·우 앵귤레이션 -
(Angulation)

1 min 후반신 뒷다리 라운딩
(Hindquarters, Hind Legs Rounding)

반려견스타일리스트 실기

	2 min	**좌측면 턱업 언더라인** (Tuck-up & Underline on the Left Side)
	2 min	**우측면 턱업 언더라인** (Tuck-up & Underline on the Right Side)
	30 min	**초벌 종료**
패턴	12 min	**허리 밴드** (Band Clipping Rounding on the Left/Right Side)
	7 min	**자켓 스트립** (Narrow Strip Clipping Rounding on the Backbone from the Last Rib)
	1 min	**좌골** (Hipbone)
	20 min	**패턴 종료**
재벌	30 min	**좌반신 면처리** (Trimming the Left Side with Scissors)
	30 min	**우반신 면처리** (Trimming the Right Side with Scissors)
	5 min	**크라운** (Crown)
	4 min	**폼폰** (Pompon)
	1 min	**이어 프린지** (Ear Fringes)
	70 min	**재벌 종료**
완성	**120 min TOTAL**	

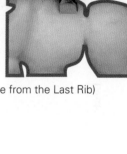

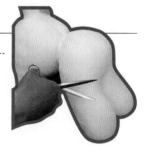

반려견스타일리스트 실기

PITTSBURGH DUTCH CLIP

피츠버그 더치 클립은 더치 클립의 변형 클립으로서 견체의 백라인 중심선에 위치하는 스트립의 길이만 다르고, 그 외는 더치 클립과 동일하다. 스트립이 꼬리부터 시작하면 더치 클립이고, 스트립이 라스트립부터 시작하면 피츠버그 더치 클립이다.

00 _____

위그를 견체에 세팅하고, 견체를 바로 세워 전체적으로 털이 길고 풍성해 보이도록 코밍한다. 브러싱과 코밍 상태가 양호해야 시저링이 잘 되고 작업시간을 단축할 수 있다.

01 _____

얼굴 넥밴드 클리핑은 먼저 스톱에서 코 끝 방향으로 머즐을 클리핑하여 과도한 털을 제거한다.

02 _____

이미지너리라인은 귀를 올려서 잡고, 직선으로 클리핑한다. 귀뿌리 아래, 이미지너리라인, 뺨, 턱아래 순으로 클리핑하면 작업이 편하다.

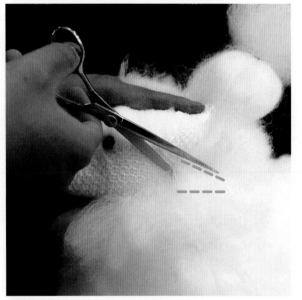

03 _____

넥밴드 클리핑은 클리퍼날이 들어갈 부분에 과도한 털을 가위로 먼저 제거한다. 클리핑 전에 시야 확보를 하면 클리핑 실수를 줄일 수 있다.

> **Tip** 클리핑이 익숙해지면 가위 작업을 생략하고 바로 클리핑할 수 있다.

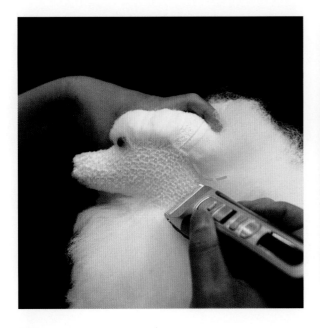

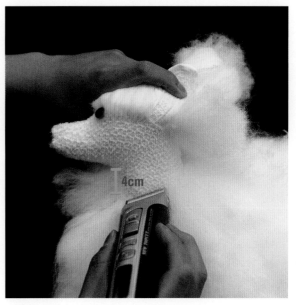

04

후두부 아래를 알파벳 U자로 클리핑하고, 백라인 높이 약 4cm 높이에 맞추어 위더스 윗면의 털을 클리핑한다.

CAUTION 후두부 아래를 수평으로 클리핑하면 후두부를 둥글게 표현하기 어렵다.

05

넥라인은 턱 아래 약 4cm 지점까지 30° 기울기로 내려가면서 클리핑한다. 정면에서 볼 때 넥라인은 좌우대칭으로 알파벳 U자 같은 V자로 표현한다.

06

크라운은 먼저 후두부의 과도한 털 절반(1/2)을 수직으로 커트한다.

07

크라운 좌우 측면의 과도한 털 절반(1/2)을 수직으로 커트한다.

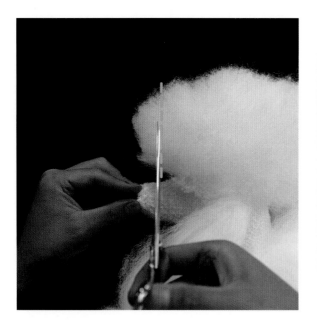

08 _____

크라운 앞면의 과도한 털을 머즐 중간 지점에서 수직으로
커트한다.

09 _____

크라운 아래 클리핑 라인의 둘레를 45° 기울기로 커트한다.

10 _____

크라운을 눈, 이미지너리라인, 귀뿌리가 보이도록 라운딩
한다.

CAUTION 크라운 높이를 많이 자르면 전체적인 균형을 맞추기가 어렵다.

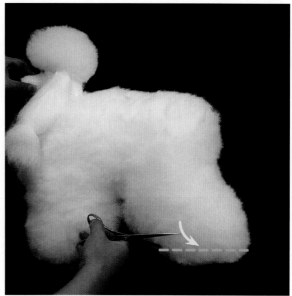

11 _____

풋라인은 좌측 뒷발부터 반시계방향으로 움직이면서 커
트하고, 네 개의 발등 높이가 균등하게 보이도록 커트한
다.

Tip 풋라인은 작업속도를 위하여 다리 외측면의 과도한
털을 제거하면서 가위를 발등 방향으로 감아서 커트
한다. 호크도 함께 작업 가능하다.

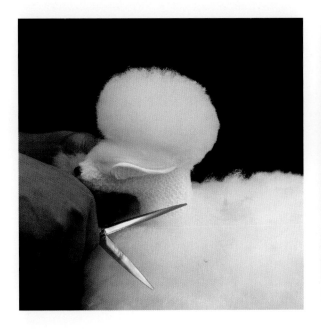

12 _____

넥라인 블렌딩은 넥라인의 과도한 털을 제거한다.

CAUTION 넥라인 블렌딩할 때 가위를 수평으로 움직인다. 어깨를 많이 자르면 자켓의 볼륨 표현이 어렵다.

13 _____

체장(몸 길이)은 먼저 앞가슴(흉골단)을 머즐의 중간 지점보다 앞쪽에서 수직으로 커트한다.

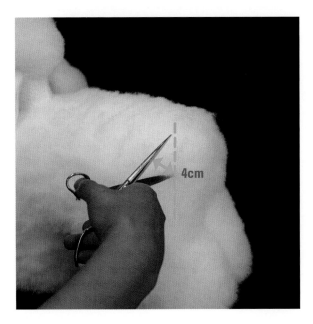

14 _____

체장의 엉덩이(좌골단)는 약 4cm를 남겨서 수직으로 커트하고, 뒷다리 가랑이 아래 손가락 한마디(1~2cm) 지점까지만 커트한다.

CAUTION 하퇴부를 많이 커트하면 앵귤레이션 작업이 어렵다.

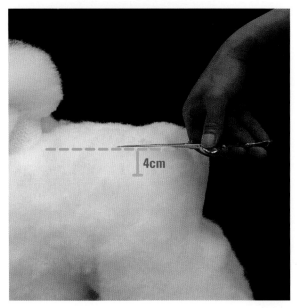

15 _____

체고(몸 높이)는 백라인을 약 4cm 남겨서 수평으로 커트한다. (백라인 레벨링)

Tip 밴드 클립은 자켓의 어깨 볼륨과 패턴 작업을 위하여 초벌 때 백라인을 약 4cm를 남긴다. 재벌 때 약 3cm로 줄여서 작업한다.

16

견갑 상완 전완은 견갑→상완→전완 순으로 커트하고, 견갑과 상완은 약 90°각을 이룬다.

Tip 견체의 정면에 서서 좌우를 함께 작업하면 작업시간을 단축할 수 있다.

17

상완은 앞가슴(흉골단)을 둥글게 표현하면서 커트하고, 흉심(가슴깊이)을 앞다리 가랑이 아래 1~2cm 지점에 설정한다.

CAUTION 흉심을 앞다리 가랑이보다 높게 잡으면 아랫 가슴을 둥글게 표현하기 어렵다.

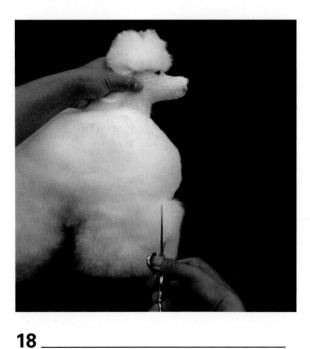

18

전완은 발끝 앞 약 2cm 기준하여 수직으로 커트한다.

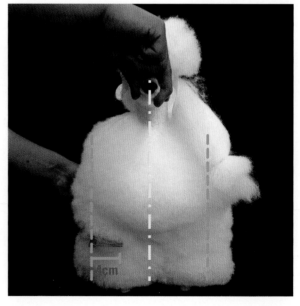

19

견갑 앞다리 외측면은 코 기준의 중심선에 따라서 좌우대칭으로 약 4cm를 남겨서 수직으로 커트한다.

20 _____

　정면에서 볼 때 좌우 견갑(어깨)의 볼륨을 유지한다.

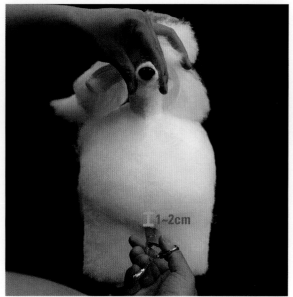

21 _____

　앞다리 내측면은 코 기준의 중심선에 따라서 먼저 가랑이 아래 1~2cm의 흉심을 수평으로 커트한다.

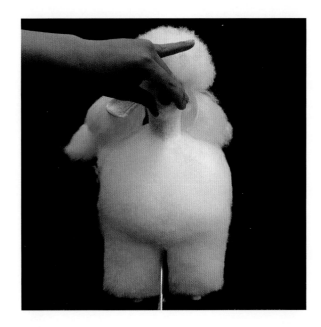

22 _____

　앞다리 간격은 약 1cm이고, 11자로 수직으로 커트한다.

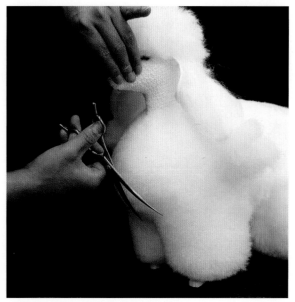

23 _____

　전반신 앞다리 라운딩은 앞가슴을 돔 형태로 라운딩하고, 앞다리를 실린더 형태로 라운딩한다. 풋라인을 앞다리와 연결하면서 알파벳 U자 형태로 라운딩한다.

> **Tip** 앞가슴을 라운딩할 때 커브가위를 사용하면 작업시간을 단축할 수 있다.

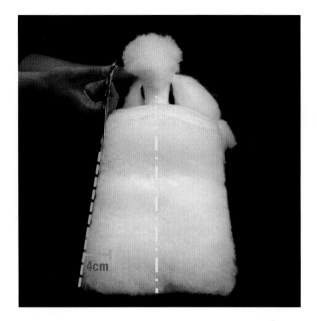

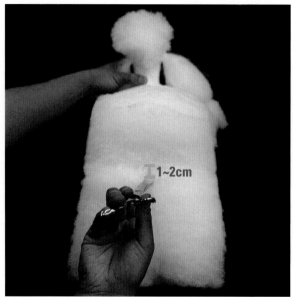

24

엉덩이 뒷다리 외측면은 꼬리 구멍을 기준하는 중심선에
따라서 둥근 알파벳 A자 형태이다. 엉덩이는 아치형이고
뒷다리 외측면은 약 4cm를 남기고 커트한다.

CAUTION 엉덩이를 뾰족하게 커트하면 엉덩이 볼륨을 표현하기 어렵다.

25

뒷다리 내측면은 꼬리 구멍을 기준하는 중심선에 따라서
가랑이 아래 1~2cm 지점에서 내측면의 시작점을 수평
으로 커트한다.

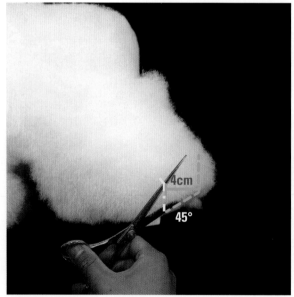

26

뒷다리 간격은 약 2cm이고, 11자로 수직으로 커트한다.

27

호크는 지면과 45° 기울기로 커트하고, 호크 뒤쪽의 털을
약 4cm 남겨서 커트한다.

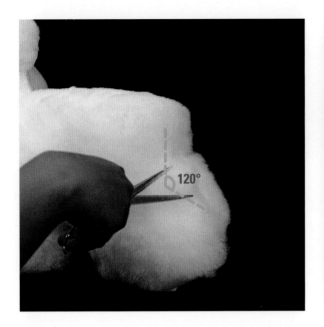

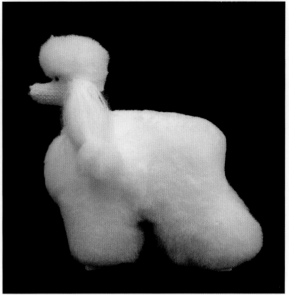

28 _____

앵귤레이션은 가위날의 끝날을 이용하여 작업하고, 대퇴와 하퇴가 120° 각을 이루며 길이 비율이 1:1 되도록 커트한다.

CAUTION 앵귤레이션을 가위날의 중날(안쪽날)로 작업하면 털이 많이 눌리고 앵글 표현이 어렵다.

29 _____

후반신 뒷다리 라운딩은 엉덩이를 아치형으로 라운딩하고, 뒷다리를 원통형으로 라운딩한다. 풋라인을 호크와 연결하면서 후면에서 볼 때 알파벳 U자 형태로 라운딩한다.

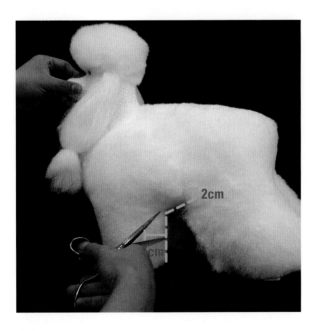

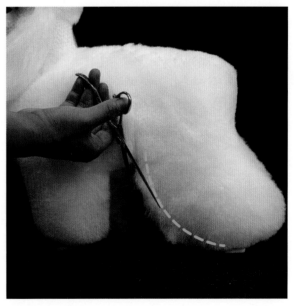

30 _____

턱업 언더라인은 먼저 턱업 아래 약 2cm 지점을 수평으로 커트하고, 턱업부터 엘보우까지 언더라인을 사선으로 커트한다. 앞다리 뒷면은 약 4cm를 남기고 수직으로 커트한다.

CAUTION 언더라인을 수평으로 자르면 흉곽(갈비통)을 표현하기 어렵다.

31 _____

뒷다리 앞면은 턱업부터 발등까지 스타이플(무릎)을 고려하여 둥글게 커트한다.

Tip 턱업 아래를 먼저 수직으로 커트한 후에 라운딩하면 무릎 표현이 쉬워진다.

32 ─────────────────────

턱업, 언더라인, 앞다리 뒷면, 뒷다리 앞면을 라운딩한다.

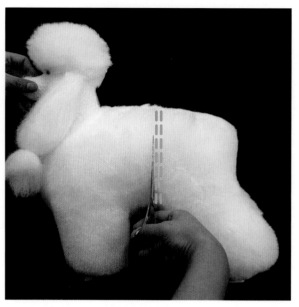

33 ─────────────────────

허리 밴드는 라스트립 뒤 약 0.5cm 지점에서 자켓라인을 수직으로 커트하고, 턱업 지점에서 팬츠 라인을 수직으로 커트한다. 클리핑 전에 밴드 주변부를 라운딩한다.

CAUTION 팬츠 라인을 턱업 뒤에 설정하면 상체와 하체의 밸런스를 맞추기가 어렵다.

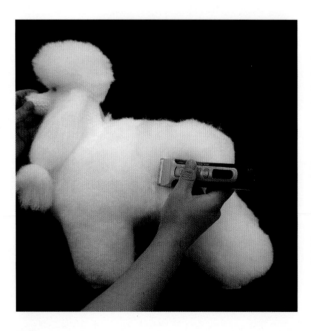

34 ─────────────────────

허리 밴드 폭이 약 2cm가 되도록 수직으로 클리핑한다. 밴드 주변부를 라운딩하면서 클리핑 라인이 명확하게 보이도록 다시 클리핑한다.

Tip 허리 밴드를 클리핑할 때 밴드 폭이 더 넓게 클리핑 되므로 두 가이드라인의 폭을 조금 좁게 커트한다.

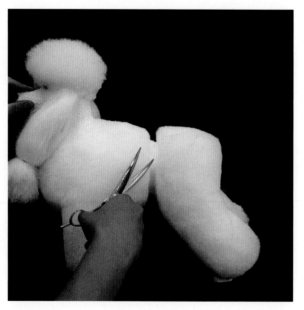

35 ─────────────────────

허리 밴드 클리핑이 완료되면 밴드 주변부를 라운딩하여 클리핑 라인이 명확하게 보이도록 작업한다.

36

자켓 스트립은 견체의 후면에 서서 내려보고 먼저 중심선을 직선으로 커트한다. 중심선의 폭이 약 1cm가 되도록 좌우 간격을 넓혀가며 커트한다.

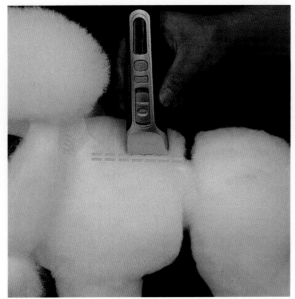

37

견체의 후면에 서서 뒷목의 중심을 보면서 자켓 스트립의 폭이 약 1.5cm가 되도록 클리핑한다. 스트립의 폭은 허리 밴드보다 작고 꼬리 뿌리와 같다.

CAUTION 위더스 위쪽의 위그가 터지기 쉬우므로 주의해서 클리핑한다.

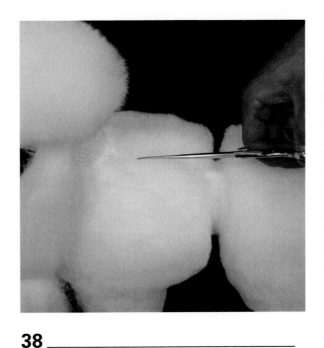

38

자켓 스트립의 클리핑 라인이 보이도록 주변부를 라운딩한다.

CAUTION 좌측면에서 볼 때 자켓의 높이가 낮아지지 않도록 주의한다.

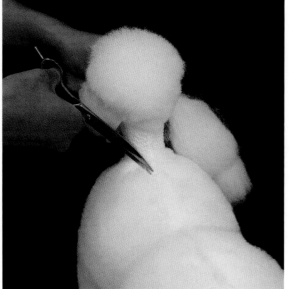

39

위더스 위쪽의 자켓 스트립이 명확하게 보이도록 커브가위를 이용하여 커트한다.

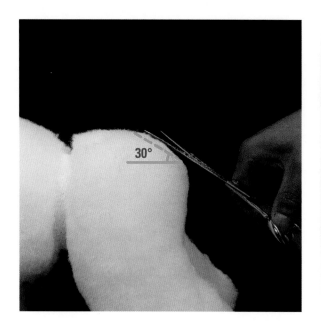

40

좌골은 패턴 작업 후 30°각을 주어 커트하고 라운딩한다.

> (Tip) 패턴(허리 밴드) 작업에 따라서 좌골 라인이 달라지
> 므로 패턴 작업 후에 좌골을 커트하는 것이 좋다.

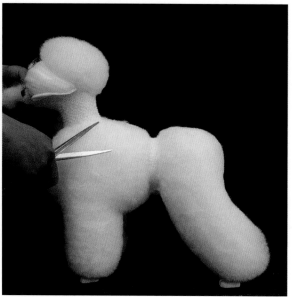

41

면처리는 좌측면부터 시작하고, 동선을 반시계방향으로
진행한다. 앞가슴과 어깨를 연결하고, 상체와 하체를 함께
보면서 균형을 맞춘다.

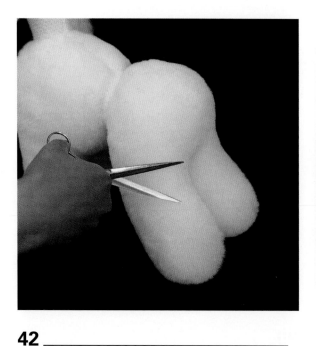

42

좌골, 앵귤레이션, 호크의 아웃라인을 강조하면서 하체를
면처리한다.

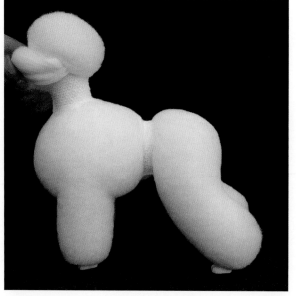

43

아웃라인을 모두 연결하고, 허리 밴드와 넥밴드의 클리핑
라인이 명확하게 보이도록 면처리한다.

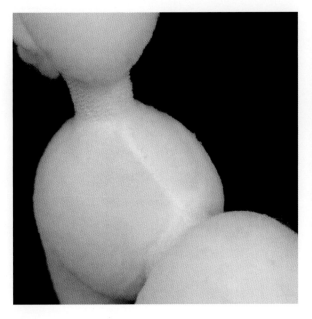

44 _____

자켓 스트립의 클리핑 라인이 명확하게 보이도록 면처리
한다.

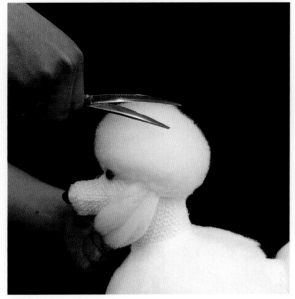

45 _____

크라운은 눈, 이미지너리라인, 귀뿌리가 명확하게 보이도
록 라운딩한다. 크라운의 아웃라인을 연결하면서 면처리
한다.

> **Tip** 클리핑 라인이 깔끔하면 완성도가 높아 보인다.

46 _____

폼폰은 지름이 약 8cm의 구의 형태로 라운딩한다.

> **Tip** 커브가위를 사용하면 작업시간을 단축할 수 있다.

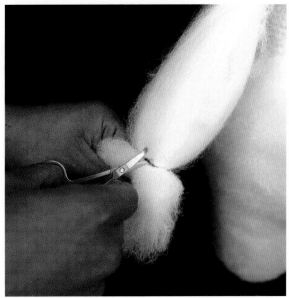

47 _____

이어 프린지는 먼저 밴딩가위를 사용하여 밴드를 완전히
제거한다.

> **CAUTION** 미용가위로 밴드를 자르면 안되며 미용가위는 털만 잘라야
> 한다.

48

이어 프린지는 먼저 밴딩가위를 사용하여 밴드를 완전히 제거한다. 이어 프린지를 흉골단보다 약 2cm 높게 좌우 대칭으로 수평으로 커트한다.

Tip 귀 끝이 단정해야 완성도가 높아 보인다.

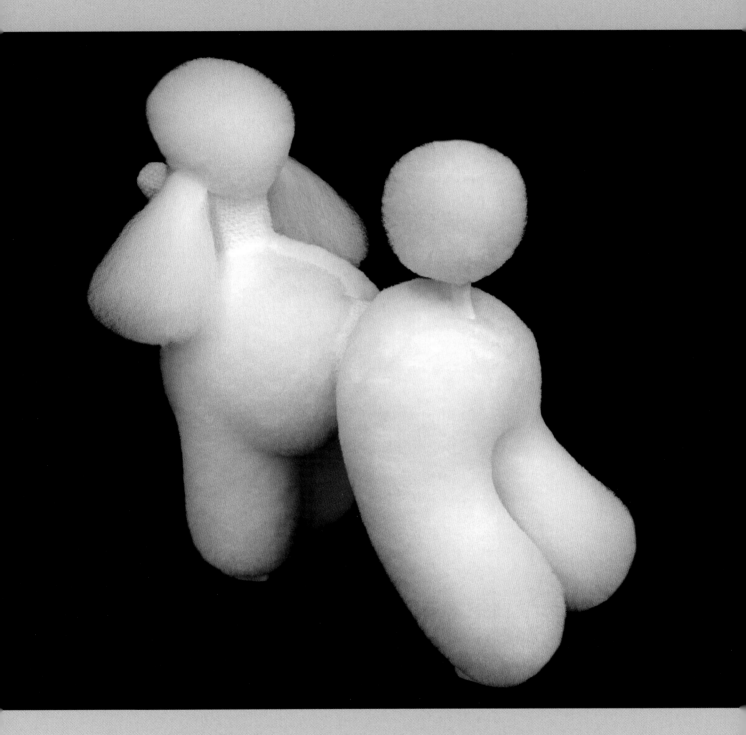

COMPLETED

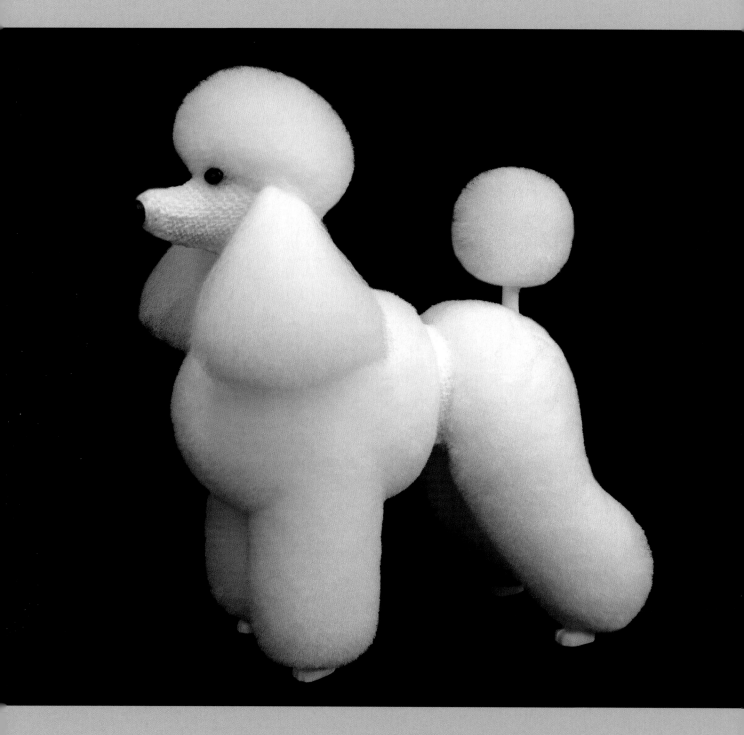

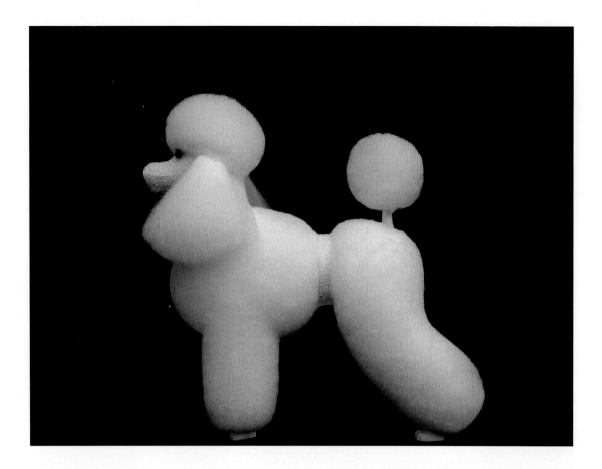

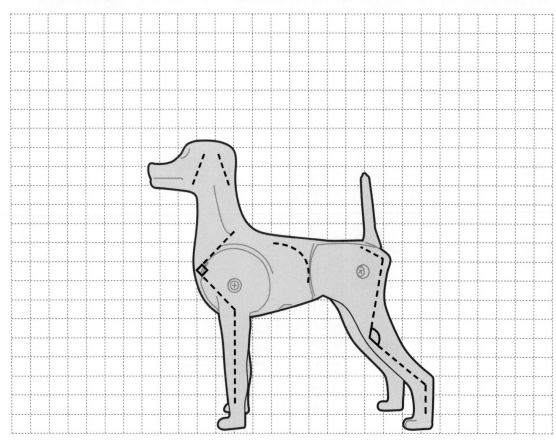

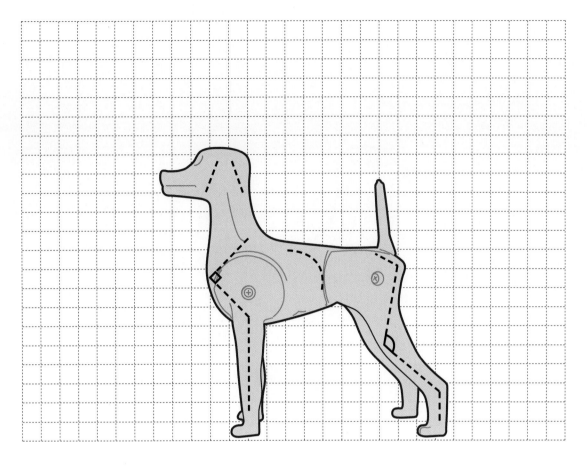

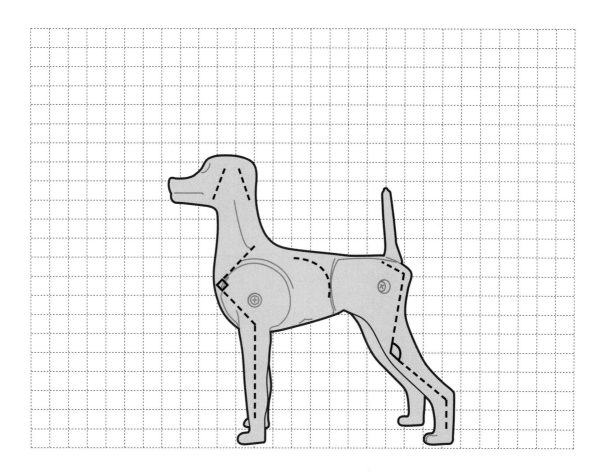

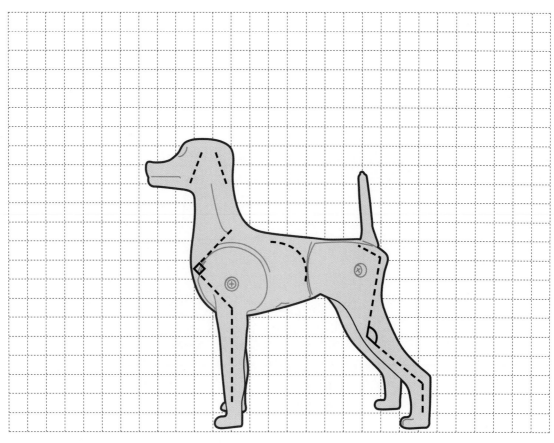

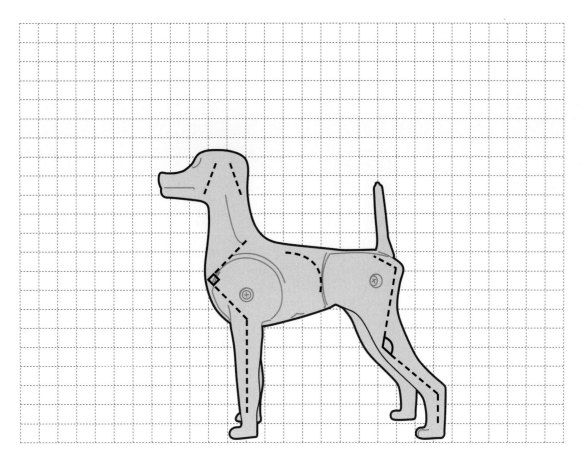

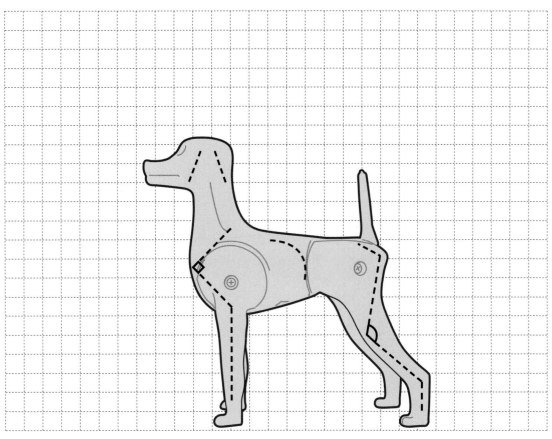

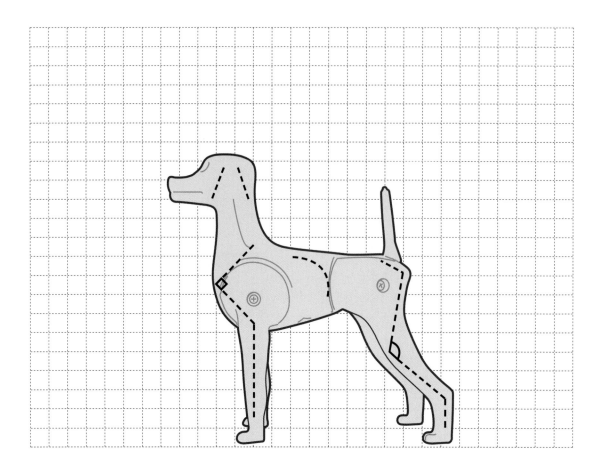

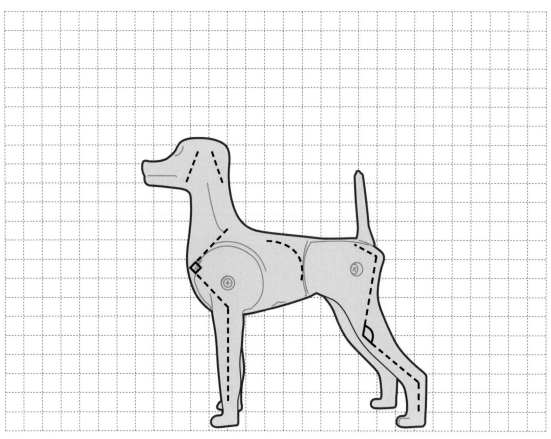

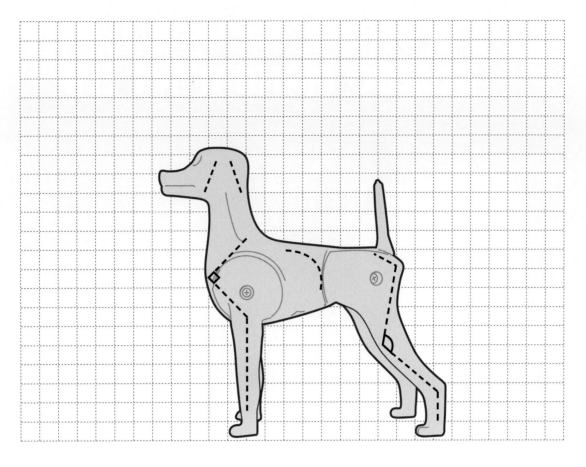

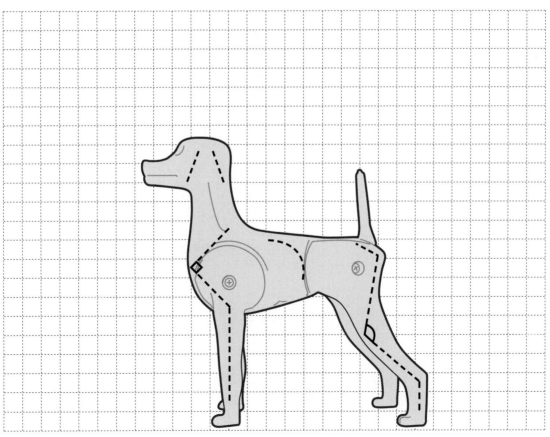

05 볼레로 맨하탄 클립
BOLERO MANHATTAN CLIP

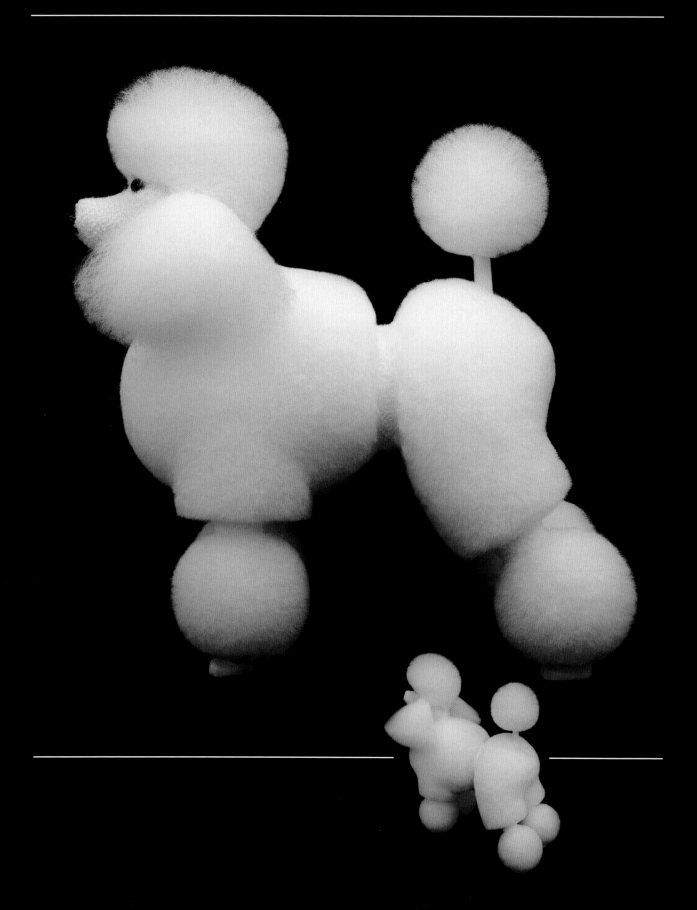

볼레로 맨하탄 클립

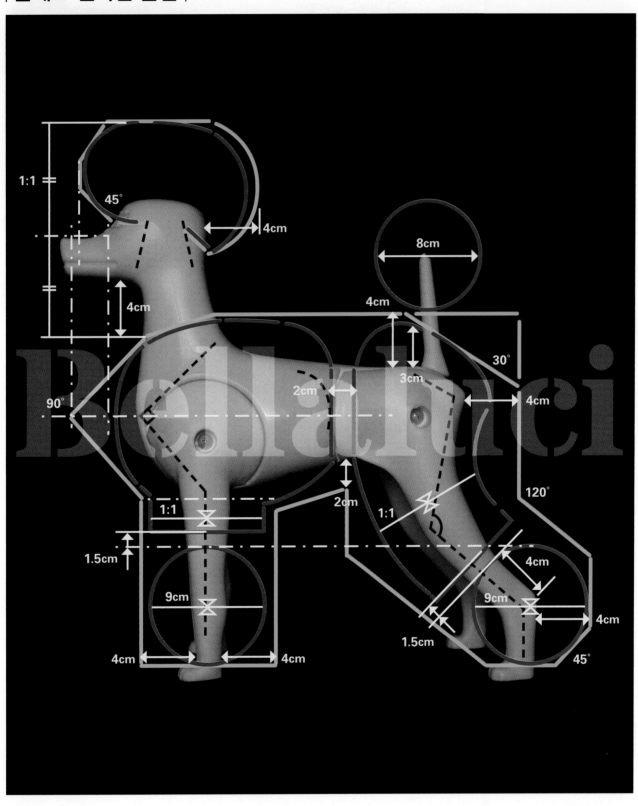

초벌라인
패턴 재벌라인
기준라인
치수라인

PROCESS |작업순서

5 min	**얼굴 넥밴드 클리핑**	(Face & Neckband Clipping)
1 min	**크라운**	(Crown)
4 min	**풋라인**	(Foot Line)
1 min	**넥라인 블렌딩**	(V-line, Neckline Blending)
1 min	**체장**	(Body Length)
1 min	**체고 백라인**	(Body Height, Backline)
2 min	**좌·우 견갑 상완 전완**	(Shoulder & Upper Arm & Forearm)
1 min	**좌·우 견갑 앞다리 외측면**	(Outer Line on the Front)
2 min	**앞다리 내측면**	(Span of Front Legs)
1 min	**전반신 앞다리 라운딩**	(Forequarters, Front Legs Rounding)
1 min	**좌·우 엉덩이 뒷다리 외측면**	(A-line, Outer Line on the Rear)
2 min	**뒷다리 내측면**	(Span of Hind Legs)
1 min	**좌·우 호크**	(Hocks)
2 min	**좌·우 앵귤레이션**	(Angulation)
1 min	**후반신 뒷다리 라운딩**	(Hindquarters, Hind Legs Rounding)
2 min	**좌측면 턱업 언더라인**	(Tuck-up & Underline on the Left Side)
2 min	**우측면 턱업 언더라인**	(Tuck-up & Underline on the Right Side)
30 min	**초벌 종료**	

패턴 ----

9 min 허리 밴드 --------------------------------------
(Band Clipping Rounding on the Left/Right Side)

1 min 좌골
(Hipbone)

5 min 좌측 리어 브레이슬릿
(Rear Bracelet on the Left)

5 min 좌측 프론트 브레이슬릿 --------------
(Front Bracelet on the Left)

5 min 우측 리어 브레이슬릿
(Rear Bracelet on the Right)

5 min 우측 프론트 브레이슬릿
(Front Bracelet on the Right)

30 min 패턴 종료

재벌 ----

25 min 좌반신 면처리 ----------------
(Trimming the Left Side with Scissors)

25 min 우반신 면처리
(Trimming the Right Side with Scissors)

5 min 크라운
(Crown)

4 min 폼폰
(Pompon)

1 min 이어 프린지
(Ear Fringes)

60 min 재벌 종료

완성 ---- **120 min TOTAL**

반려견스타일리스트 실기

BOLERO MANHATTAN CLIP

볼레로 맨하탄 클립은 볼레로(Bolero)란 짧은 상의를 뜻하고, 두 개의 밴드(Neck & Belly Band)를 가진 맨하탄 클립에서 다리 부분을 변형한 클립이다. 네 개의 다리에 밴드를 클리핑하고, 같은 높이를 가진 네 개의 브레이슬릿(Bracelet)을 작업한다.

00 _____

위그를 견체에 세팅하고, 견체를 바로 세워 전체적으로 털이 길고 풍성해 보이도록 코밍한다. 브러싱과 코밍 상태가 양호해야 시저링이 잘 되고 작업시간을 단축할 수 있다.

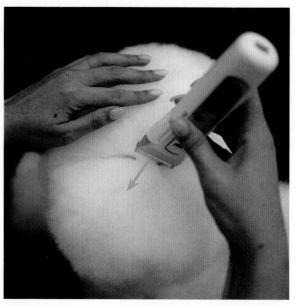

01 _____

얼굴 넥밴드 클리핑은 먼저 스톱에서 코 끝 방향으로 머즐을 클리핑하여 과도한 털을 제거한다.

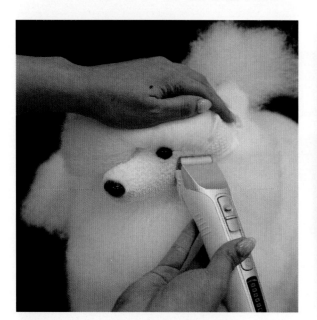

02 _____

이미지너리라인은 귀를 올려서 잡고, 직선으로 클리핑한다. 귀뿌리 아래, 이미지너리라인, 뺨, 턱아래 순으로 클리핑하면 작업이 편하다.

03 _____

넥밴드 클리핑은 클리퍼날이 들어갈 부분에 과도한 털을 가위로 먼저 제거한다. 클리핑 전에 시야 확보를 하면 클리핑 실수를 줄일 수 있다.

> **Tip** 클리핑이 익숙해지면 가위 작업을 생략하고 바로 클리핑할 수 있다.

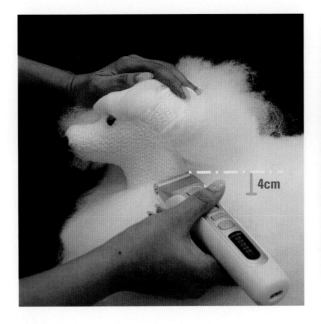 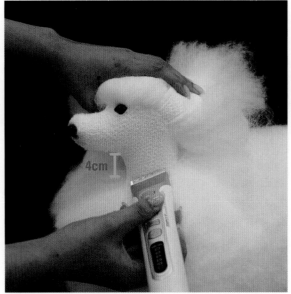

04 _____

후두부 아래를 알파벳 U자로 클리핑하고, 백라인 높이 약 4cm 높이에 맞추어 위더스 윗면의 털을 클리핑한다.

CAUTION 후두부 아래를 수평으로 클리핑하면 후두부를 둥글게 표현하기 어렵다.

05 _____

넥라인은 턱 아래 약 4cm 지점까지 30° 기울기로 내려가면서 클리핑한다. 정면에서 볼 때 넥라인은 좌우대칭으로 알파벳 U자 같은 V자로 표현한다.

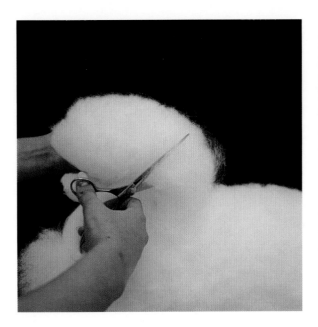 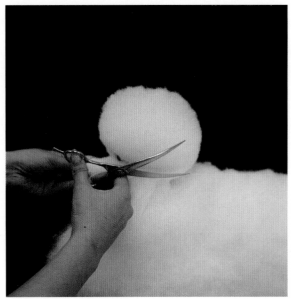

06 _____

크라운은 후두부와 좌우 측면의 과도한 털을 각각 절반 (1/2)씩 수직으로 커트한다. 크라운 앞면의 과도한 털은 머즐 중간 지점에서 수직으로 커트한다.

07 _____

크라운은 눈, 이미지너리라인, 귀뿌리가 보이도록 라운딩한다.

CAUTION 크라운 높이를 많이 자르면 전체적인 균형을 맞추기가 어렵다.

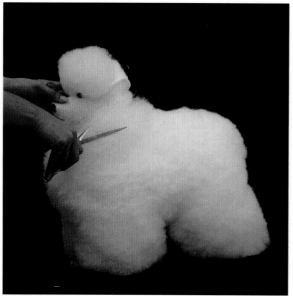

08 _____

풋라인은 좌측 뒷발부터 반시계방향으로 움직이면서 커트하고, 네 개의 발등 높이가 균등하게 보이도록 커트한다.

> (Tip) 풋라인은 작업속도를 위하여 다리 외측면의 과도한 털을 제거하면서 가위를 발등 방향으로 감아서 커트한다. 호크도 함께 작업 가능하다.

09 _____

넥라인 블렌딩은 넥라인의 과도한 털을 제거한다.

CAUTION 넥라인 블렌딩할 때 가위를 수평으로 움직인다. 어깨를 많이 자르면 자켓의 볼륨 표현이 어렵다.

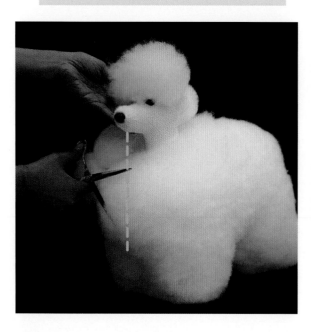

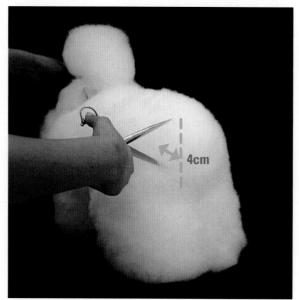

10 _____

체장(몸 길이)은 먼저 앞가슴(흉골단)을 머즐의 중간 지점보다 앞쪽에서 수직으로 커트한다.

11 _____

체장의 엉덩이(좌골단)는 약 4cm를 남겨서 수직으로 커트하고, 뒷다리 가랑이 아래 손가락 한마디(1~2cm) 지점까지만 커트한다.

CAUTION 하퇴부를 많이 커트하면 앵귤레이션 작업이 어렵다.

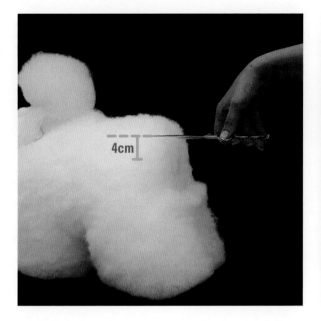

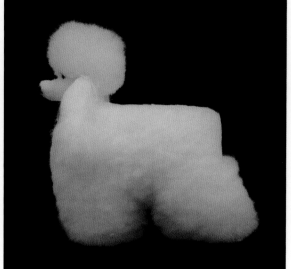

12 _____

체고(몸 높이)는 백라인을 약 4cm 남겨서 수평으로 커트
한다. (백라인 레벨링)

> (Tip) 밴드 클립은 자켓의 어깨 볼륨과 패턴 작업을 위하
> 여 초벌 때 백라인을 약 4cm를 남긴다. 재벌 때 약
> 3cm로 줄여서 작업한다.

13 _____

체장 체고 작업을 완료한다.

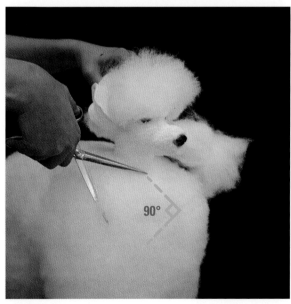

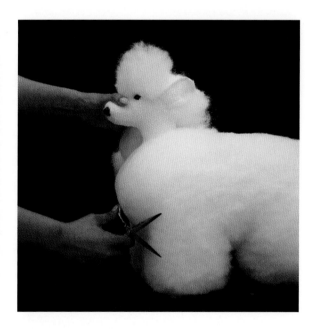

14 _____

견갑 상완 전완은 견갑→상완→전완 순으로 커트하고, 견
갑과 상완은 약 90°각을 이룬다.

> **CAUTION** 견체의 정면에 서서 좌우를 함께 작업하면 작업시간을 단축
> 할 수 있다.

15 _____

상완은 앞가슴(흉골단)을 둥글게 표현하면서 커트하고,
흉심(가슴깊이)을 앞다리 가랑이 아래 1~2cm 지점에 설
정한다. 전완은 발끝 앞 약 2cm 기준하여 수직으로 커트
한다.

> **CAUTION** 흉심을 앞다리 가랑이보다 높게 잡으면 아랫 가슴을 둥글게
> 표현하기 어렵다.

16 _____

견갑 앞다리 외측면은 코 기준의 중심선에 따라서 좌우대
칭으로 약 4cm를 남겨서 수직으로 커트한다. 정면에서
볼 때 좌우 견갑(어깨)의 볼륨을 유지한다.

17 _____

앞다리 내측면은 코 기준의 중심선에 따라서 먼저 가랑이
아래 1~2cm의 흉심을 수평으로 커트한다. 앞다리 간격
은 약 1cm이고, 11자로 수직으로 커트한다.

18 _____

전반신 앞다리 라운딩은 앞가슴을 돔 형태로 라운딩한다.

> **Tip** 앞가슴을 라운딩할 때 커브가위를 사용하면 작업시
> 간을 단축할 수 있다.

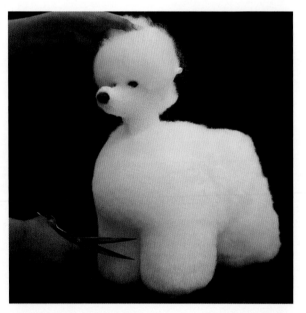

19 _____

앞다리를 실린더 형태로 라운딩한다. 풋라인을 앞다리와
연결하면서 알파벳 U자 형태로 라운딩한다.

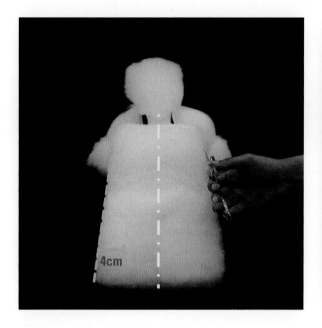

20

엉덩이 뒷다리 외측면은 꼬리 구멍을 기준하는 중심선에 따라서 둥근 알파벳 A자 형태이다. 엉덩이는 아치형이고 뒷다리 외측면은 약 4cm를 남기고 커트한다.

CAUTION 엉덩이를 뾰족하게 커트하면 엉덩이 볼륨을 표현하기 어렵다.

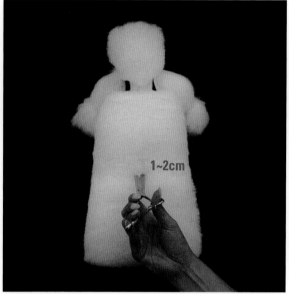

21

뒷다리 내측면은 꼬리 구멍을 기준하는 중심선에 따라서 가랑이 아래 1~2cm 지점에서 내측면의 시작점을 수평으로 커트한다.

22

뒷다리 간격은 약 2cm이고, 11자로 수직으로 커트한다.

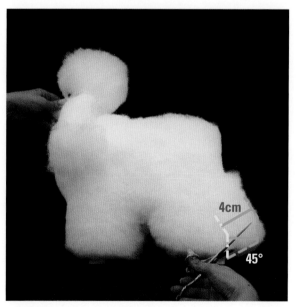

23

호크는 지면과 45° 기울기로 커트하고, 호크 주변부의 털을 약 4cm 남겨서 커트한다.

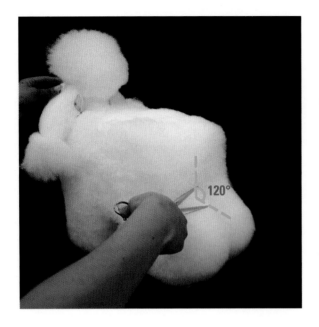

24 _____

앵귤레이션은 가위날의 끝날을 이용하여 작업하고, 대퇴와 하퇴가 120° 각을 이루며 길이 비율이 1:1 되도록 커트한다.

CAUTION 앵귤레이션을 가위날의 중날(안쪽날)로 작업하면 털이 많이 눌리고 앵글 표현이 어렵다.

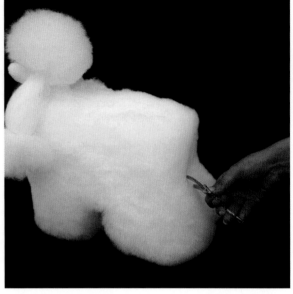

25 _____

후반신 뒷다리 라운딩은 엉덩이를 아치형으로 라운딩하고, 뒷다리를 원통형으로 라운딩한다. 풋라인을 호크와 연결하면서 후면에서 볼 때 알파벳 U자 형태로 라운딩한다.

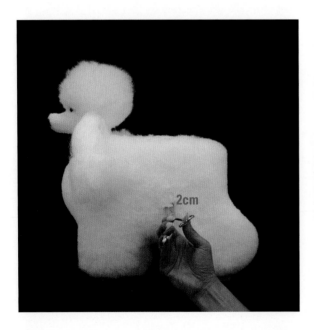

26 _____

턱업 언더라인은 먼저 턱업 아래 약 2cm 지점을 수평으로 커트한다.

27 _____

턱업부터 엘보우까지 언더라인을 사선으로 커트한다. 앞다리 뒷면은 약 4cm를 남기고 수직으로 커트한다.

CAUTION 언더라인을 수평으로 자르면 흉곽(갈비통)을 표현하기 어렵다.

28

뒷다리 앞면은 턱업부터 발등까지 스타이플(무릎)을 고려하여 둥글게 커트한다.

(Tip) 턱업 아래를 먼저 수직으로 커트한 후에 라운딩하면 무릎 표현이 쉬워진다.

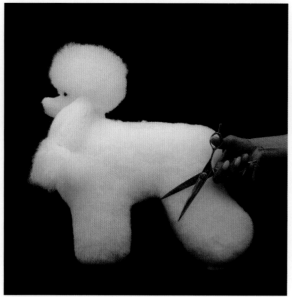

29

턱업, 언더라인, 앞다리 뒷면, 뒷다리 앞면을 라운딩한다.

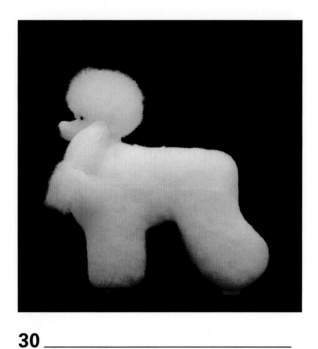

30

초벌을 완료한다.

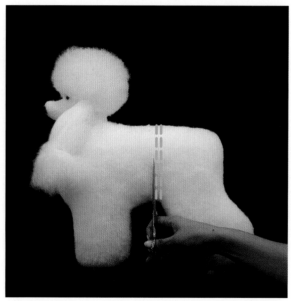

31

허리 밴드는 라스트립 뒤 약 0.5cm 지점에서 자켓라인을 수직으로 커트하고, 턱업 지점에서 팬츠 라인을 수직으로 커트한다. 클리핑 전에 밴드 주변부를 라운딩한다.

CAUTION 팬츠 라인을 턱업 뒤에 설정하면 상체와 하체의 밸런스를 맞추기가 어렵다.

05 ◇ BOLERO MANHATTAN CLIP

32 _____

허리 밴드 폭이 약 2cm가 되도록 수직으로 클리핑한다.
밴드 주변부를 라운딩하면서 클리핑 라인이 명확하게 보
이도록 다시 클리핑한다.

> **(Tip)** 허리 밴드를 클리핑할 때 밴드 폭이 더 넓게 클리핑
> 되므로 두 가이드라인의 폭을 조금 좁게 커트한다.

33 _____

허리 밴드를 좌우대칭으로 맞추려면 견체의 후면에 서서
내려다보면서 먼저 밴드의 윗면을 맞추고, 우측면의 허리
밴드를 클리핑한다.

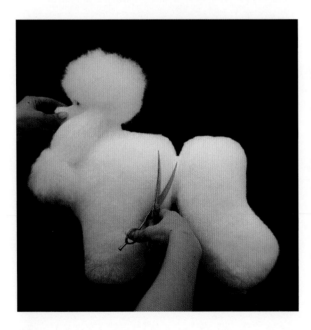

34 _____

허리 밴드 클리핑이 완료되면 밴드 주변부를 라운딩하여
클리핑 라인이 명확하게 보이도록 작업한다.

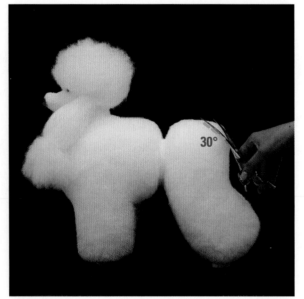

35 _____

좌골은 허리 밴드 작업 후에 30° 기울기로 커트한다.

> **(Tip)** 허리 밴드 위치에 따라서 좌골 라인이 달라지므로 패
> 턴 작업 후에 좌골을 커트하는 것이 좋다.

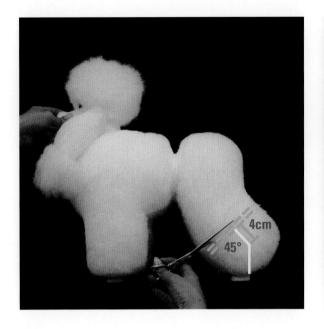

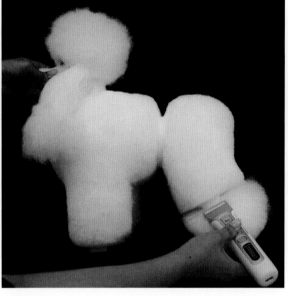

36 _____

좌측 리어 브레이슬릿은 먼저 브레이슬릿의 윗면을 호크 위 약 4cm 지점에서 45° 기울기로 커트한다. 브레이슬릿 밴드의 폭이 약 1cm가 되도록 커트한다.

> **Tip** 리어 브레이슬릿 밴드의 폭을 가위로 좁게 자르면 프론트 브레이슬릿과 리어 브레이슬릿 높이를 맞추기 쉬워진다.

37 _____

좌측 리어 브레이슬릿 밴드를 폭이 약 1.5cm가 되도록 클리핑한다.

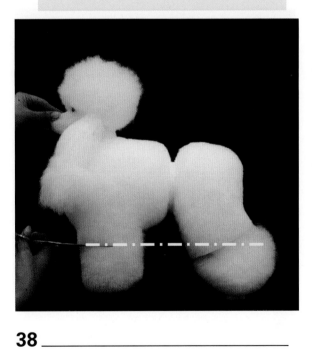

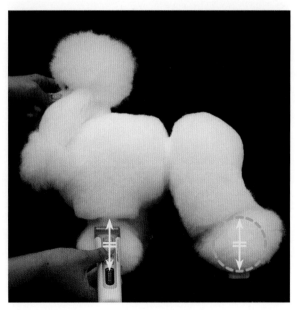

38 _____

좌측 프론트 브레이슬릿은 먼저 브레이슬릿의 윗면을 좌측 리어 브레이슬릿 높이와 동일하게 수평으로 커트한다. 브레이슬릿 밴드의 폭이 약 1cm가 되도록 커트한다.

39 _____

좌측 프론트 브레이슬릿 밴드를 폭이 약 1.5cm가 되도록 클리핑한다.

> **Tip** 프론트 브레이슬릿 밴드를 클리핑할 때 견체의 좌측 면에 서서 리어 브레이슬릿 높이를 확인하면서 클리핑한다.

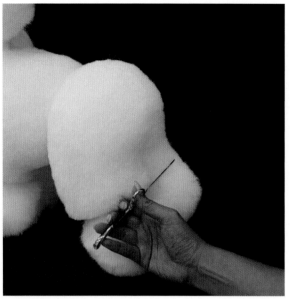

40 _____

우측 리어 브레이슬릿은 먼저 브레이슬릿의 윗면을 좌측 리어 브레이슬릿의 높이와 동일하게 커트한다. 브레이슬릿 밴드의 폭이 약 1cm가 되도록 커트한다.

41 _____

우측 리어 브레이슬릿 밴드를 좌측 리어 브레이슬릿 밴드와 좌우대칭으로 클리핑한다.

42 _____

우측 프론트 브레이슬릿은 먼저 브레이슬릿의 윗면을 좌측 프론트 브레이슬릿의 높이와 동일하게 커트한다. 우측 프론트 브레이슬릿 밴드를 좌측 프론트 브레이슬릿 밴드와 좌우대칭으로 클리핑한다.

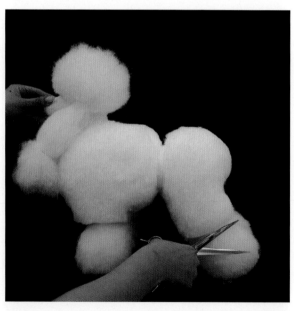

43 _____

앞뒤 브레이슬릿을 견체의 좌측면에 서서 높이(크기)를 맞추면서 구의 형태로 라운딩한다.

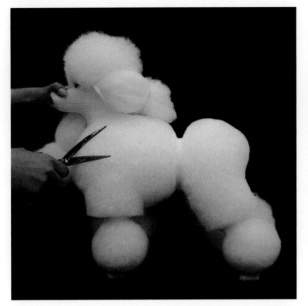

44 _____

면처리는 견체의 좌측면부터 시작하고, 동선을 반시계방향으로 진행한다. 앞가슴과 어깨를 연결하고, 자켓과 팬츠의 균형을 맞추면서 면처리한다.

45 _____

좌골과 앵귤레이션의 아웃라인을 강조하면서 면처리한다. 앞뒤 브레이슬릿의 높이(크기)를 맞추면서 면처리한다.

(Tip) 좌측면에서 자켓→팬츠→브레이슬릿 순으로 작업하면 전체적인 균형을 맞추기가 쉬워진다.

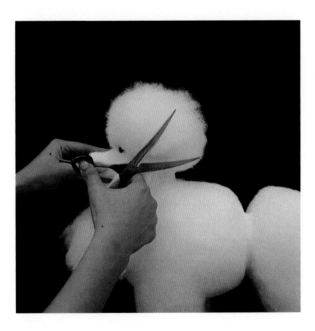

46 _____

크라운은 눈, 이미지너리라인, 귀뿌리가 명확하게 보이도록 라운딩한다.

(Tip) 클리핑 라인이 깔끔하면 완성도가 높아 보인다.

47 _____

크라운의 아웃라인을 연결하면서 면처리한다.

48 _____

폼폰은 지름이 약 8cm의 구의 형태로 라운딩한다.

> **Tip** 커브가위를 사용하면 작업시간을 단축할 수 있다.

49 _____

이어 프린지는 먼저 밴딩가위를 사용하여 밴드를 완전히 제거한다. 이어 프린지를 흉골단보다 약 2cm 높게 좌우 대칭으로 수평으로 커트한다.

> **Tip** 귀 끝이 단정해야 완성도가 높아 보인다.

COMPLETED

반려견스타일리스트 실기

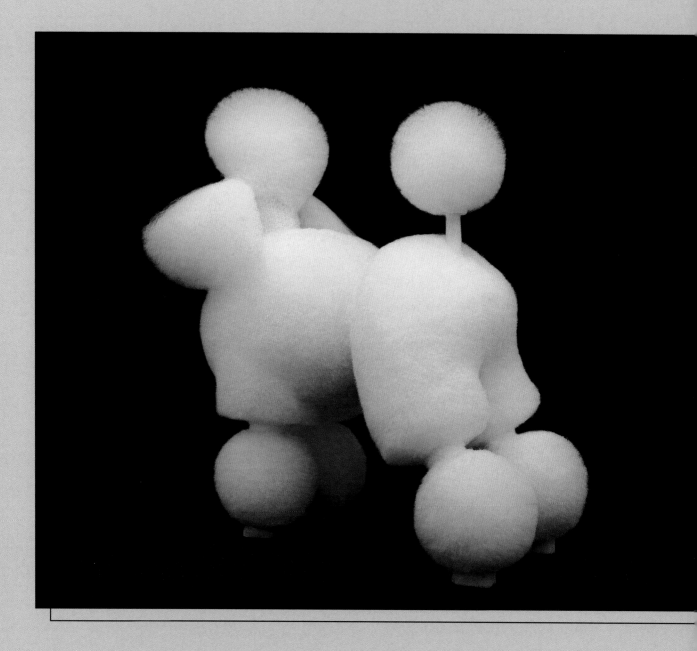

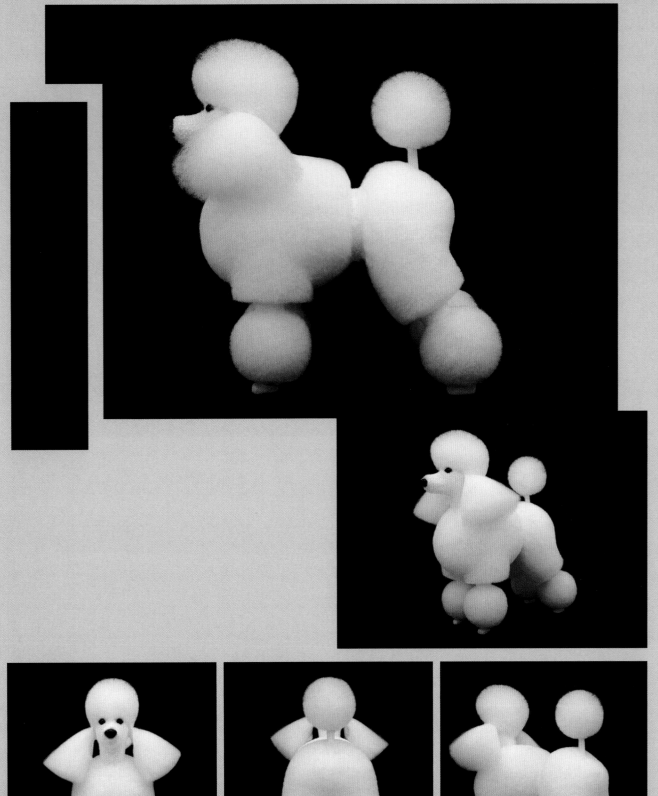

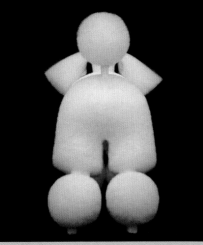

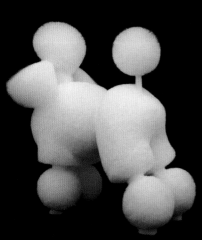

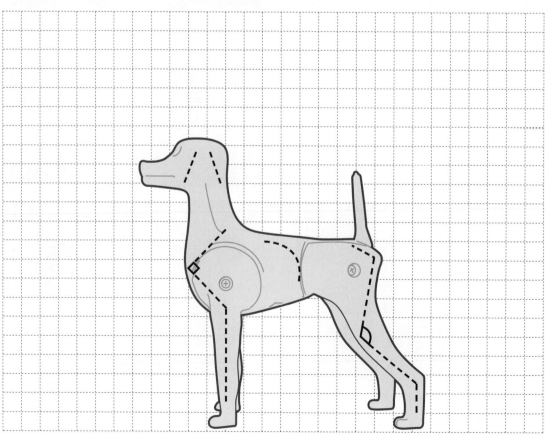

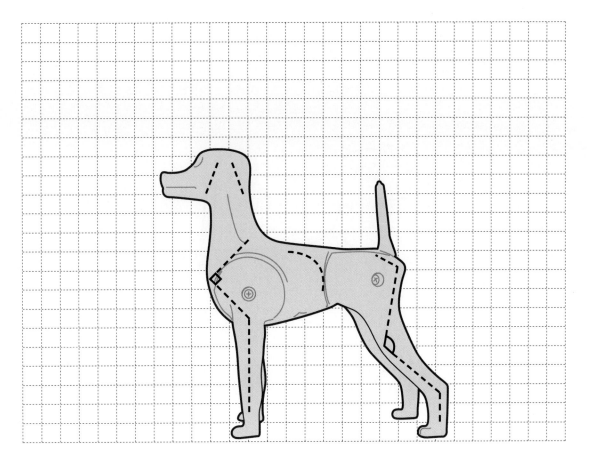

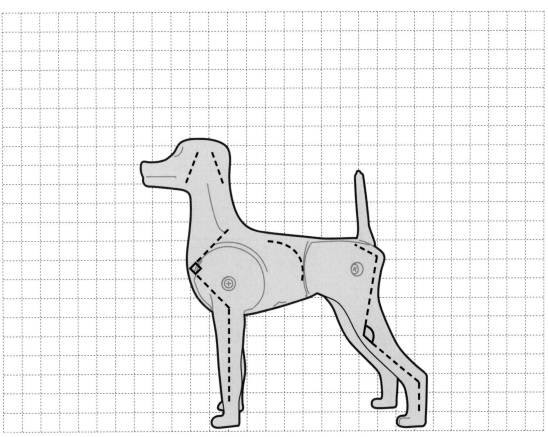

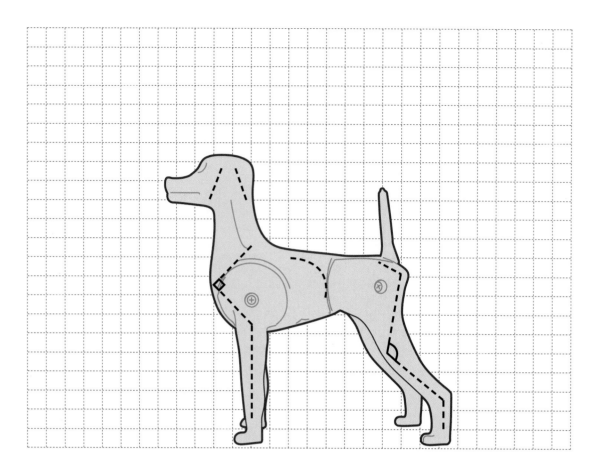

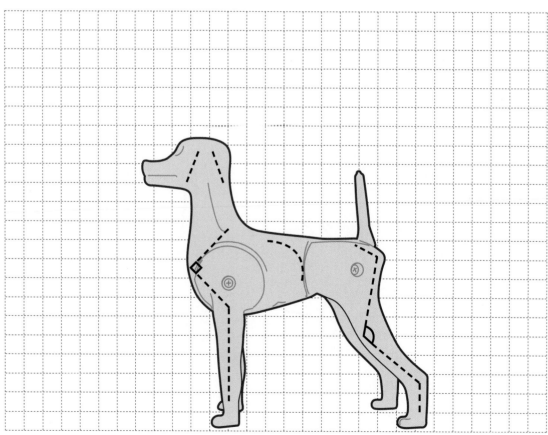

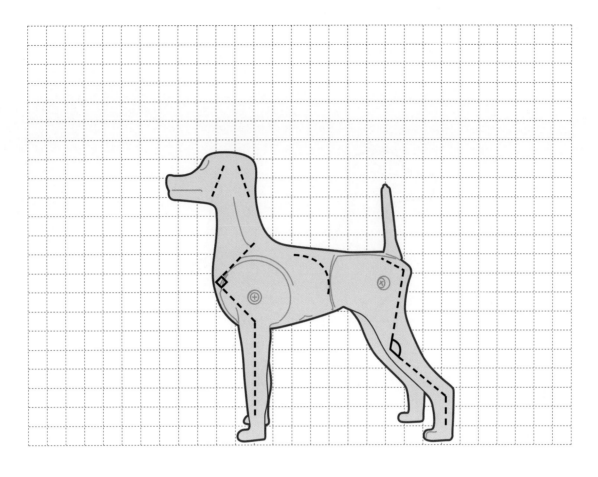

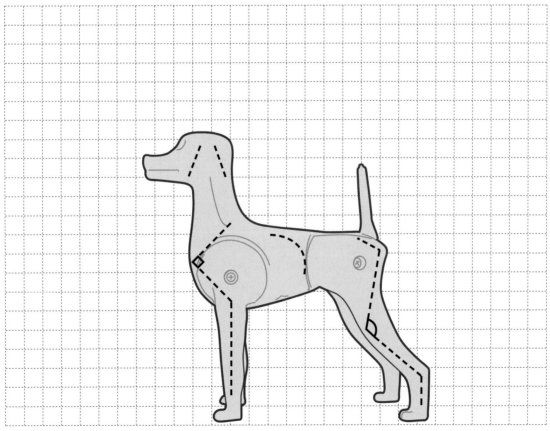

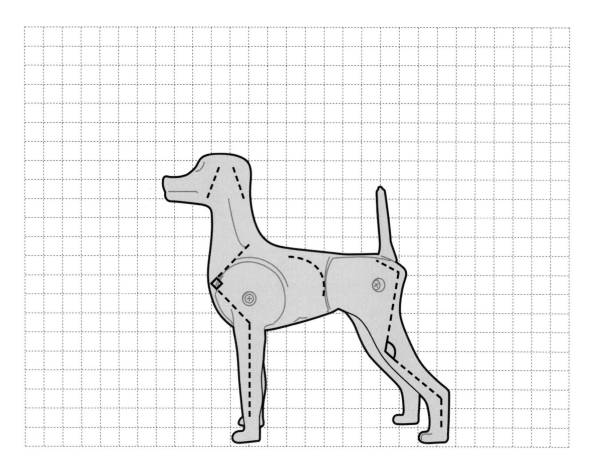

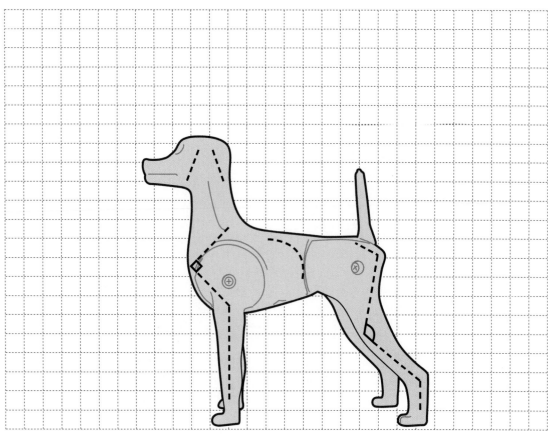

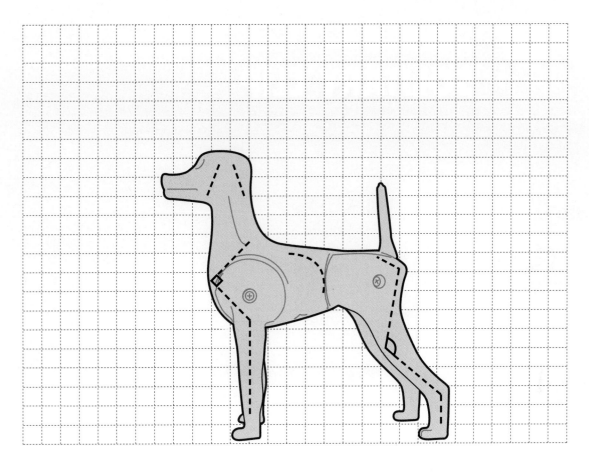

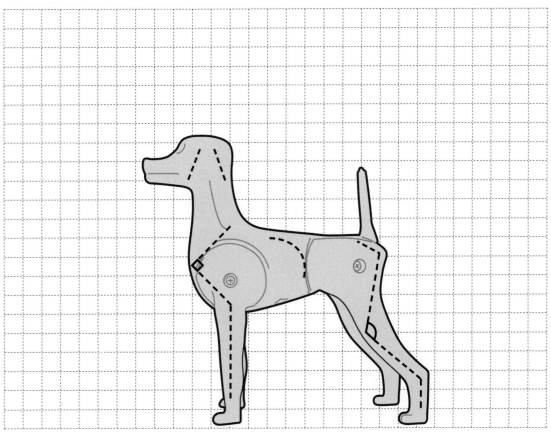

06 소리터리 클립
SOLITARY CLIP

소리터리 클립

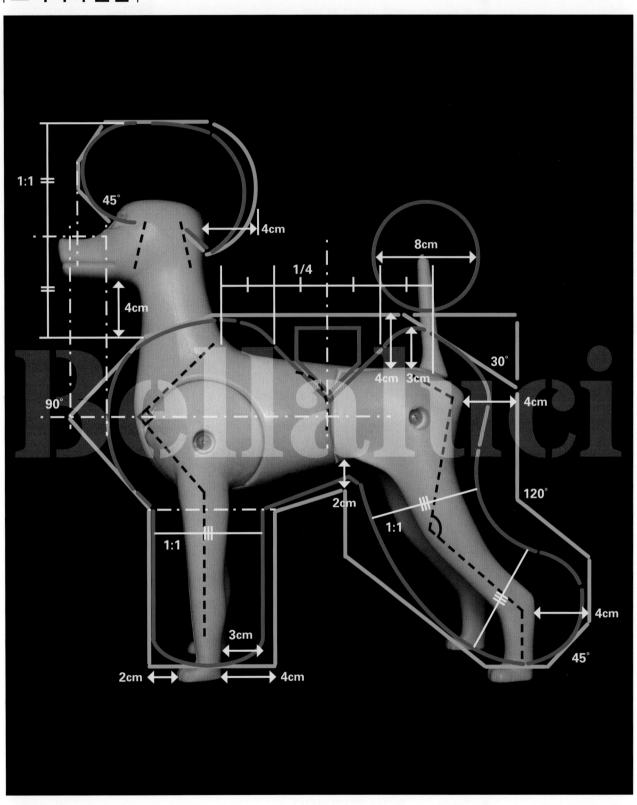

초벌라인
패턴 재벌라인
기준라인
치수라인

PROCESS |작업순서

초벌

5 min **얼굴 넥밴드 클리핑**
(Face & Neckband Clipping)

1 min **크라운**
(Crown)

4 min **풋라인**
(Foot Line)

1 min **넥라인 블렌딩**
(V-line, Neckline Blending)

1 min **체장**
(Body Length)

1 min **체고 백라인**
(Body Height, Backline)

2 min **좌·우 견갑 상완 전완**
(Shoulder & Upper Arm & Forearm)

1 min **좌·우 견갑 앞다리 외측면**
(Outer Line on the Front)

2 min **앞다리 내측면**
(Span of Front Legs)

1 min **전반신 앞다리 라운딩**
(Forequarters, Front Legs Rounding)

1 min **좌·우 엉덩이 뒷다리 외측면**
(A-line, Outer Line on the Rear)

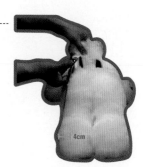

2 min **뒷다리 내측면**
(Span of Hind Legs)

1 min **좌·우 호크**
(Hocks)

2 min **좌·우 앵귤레이션**
(Angulation)

1 min **후반신 뒷다리 라운딩**
(Hindquarters, Hind Legs Rounding)

반려견스타일리스트 실기

2 min 좌측면 턱업 언더라인
(Tuck-up & Underline on the Left Side)

2 min 우측면 턱업 언더라인
(Tuck-up & Underline on the Right Side)

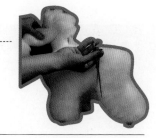

30 min 초벌 종료

패턴

19 min 소리터리 패턴
(Solitary Pattern Clipping Rounding on the Back)

1 min 좌골
(Hipbone)

20 min 패턴 종료

재벌

30 min 좌반신 면처리
(Trimming the Left Side with Scissors)

30 min 우반신 면처리
(Trimming the Right Side with Scissors)

5 min 크라운
(Crown)

4 min 폼폰
(Pompon)

1 min 이어 프린지
(Ear Fringes)

70 min 재벌 종료

완성 **120 min TOTAL**

반려견스타일리스트 실기

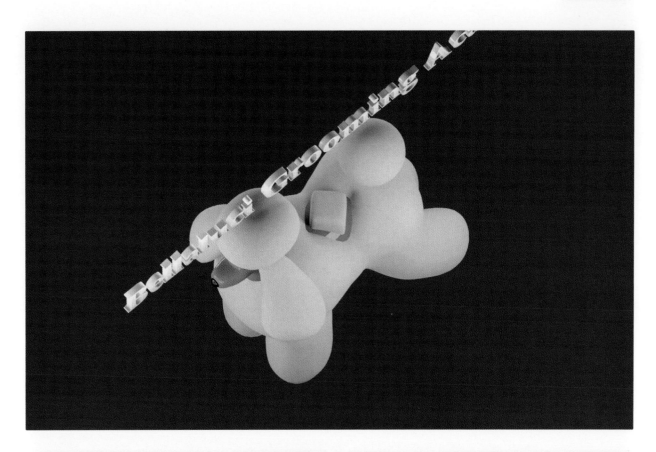

SOLITARY CLIP

소리터리 클립은 다른 밴드 클립과 다르게 허리 밴드를 대신하여 등 위에 소리터리 패턴(문양)을 작업한다. 소리터리 패턴은 정마름모(정사각형) 형태이고, 네 변을 일정한 간격으로 클리핑한다.

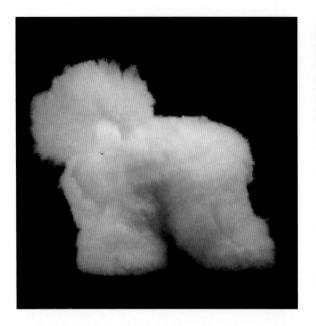

00

위그를 견체에 세팅하고, 견체를 바로 세워 전체적으로 털이 길고 풍성해 보이도록 코밍한다. 브러싱과 코밍 상태가 양호해야 시저링이 잘 되고 작업시간을 단축할 수 있다.

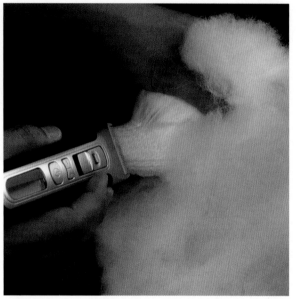

01

얼굴 넥밴드 클리핑은 먼저 시야 확보를 위하여 머즐 앞쪽의 둘레를 클리핑한다.

02

작업의 효율성을 위해 귀를 올려서 잡고 귀뿌리 아래쪽을 클리핑한 후 이미지너리라인을 직선으로 클리핑한다.

CAUTION 귀뿌리 아래쪽을 클리핑할 때 위그가 잘 터지기 때문에 클리퍼날을 피부면과 평행하게 움직인다.

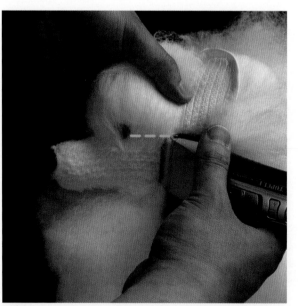

03

뒤에서 앞으로 이미지너리라인→뺨→머즐 순으로 클리핑하고, 넥밴드 작업의 효율성을 위해 턱 아래 약 2cm까지만 러프하게 클리핑한다.

Tip 눈 주변부를 클리핑할 때 안에서 밖으로 숟갈로 아이스크림을 뜨듯이 스쿠핑(Scooping)한다.

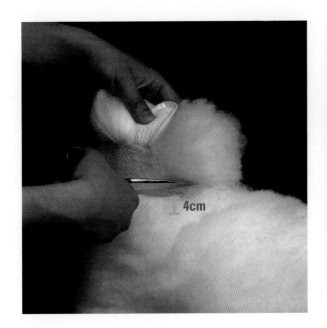

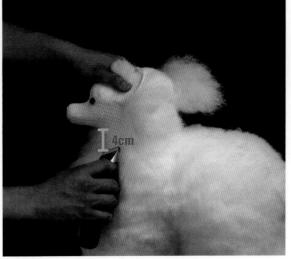

04 _____

넥밴드 클리핑 전에 귀를 올려서 잡고, 첫 번째 가이드라인을 귀뿌리 뒤 지점에서 약 45°각을 주어 아래방향 사선으로 커트한다. 두 번째 가이드라인을 백라인 높이 약 4cm에 맞추어 수평으로 커트하고, 두 가이드라인 사이의 털을 제거한다.

CAUTION 첫 번째 가이드라인을 귀뿌리 뒤 지점에서 수평(0°)으로 커트하면 후두부를 알파벳 U자 형태로 표현하기 어렵다.

05 _____

넥밴드 클리핑은 넥밴드 뒤쪽을 백라인 높이 약 4cm에 맞추어 클리핑하고, 후두부를 알파벳 U자 형태로 클리핑한다. 넥밴드(넥 라인)를 넥 뒤에서 턱 아래 4cm까지 약 30°각을 주고 내려가면서 클리핑하고, 정면에서 볼 때 좌우대칭으로 알파벳 U자 같은 V자로 표현한다.

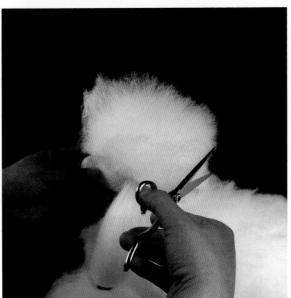

06 _____

크라운은 작업의 효율성을 위해 먼저 전후 좌우 불필요한 털을 수직으로 커트한다.

07 _____

코 기준의 중심선에 따라서 눈, 이미지너리라인, 귀뿌리 경계선이 보이도록 좌우대칭으로 라운딩한다.

> **Tip** 크라운 높이는 정면에서 볼 때 검정색 코를 기준하기가 쉽고, 코 윗면을 기준하여 턱 아래 4cm 지점과 같은 길이로 크라운 높이를 결정한다.

08 _____

크라운을 측면에서 볼 때 크라운 앞뒤에 볼륨감을 주고, 크라운 최고점은 눈꼬리와 귀뿌리 앞 사이가 되도록 라운딩한다.

09 _____

풋라인은 털을 아래방향으로 코밍하고, 먼저 좌측 뒷발부터 작업하여 동선을 반시계방향으로 한다. 네 개의 발등의 높이가 균등하게 보이도록 커트한다.

> **Tip** 풋라인은 바깥쪽의 불필요한 털부터 안쪽으로 감아서 자르면 시야 확보가 가능하고 작업시간을 단축할 수 있다.

10 _____

넥라인 블렌딩은 먼저 넥라인 주변부의 불필요한 털을 제거하고, 가윗등을 넥라인에 붙이고 앞가슴과 어깨의 볼륨을 고려하여 피부면과 수직으로 블렌딩한다.

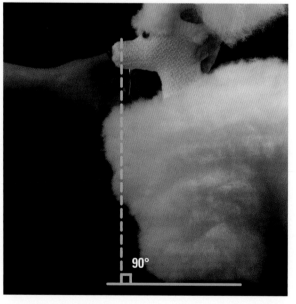

11 _____

체장(몸 길이)을 결정할 때 먼저 체장 앞면을 커트하고 체장 뒷면을 커트한다. 체장 앞면은 머즐의 1/3 지점을 기준하여 앞가슴을 수직으로 커트한다.

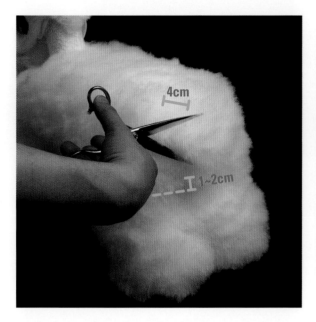

12

체장 뒷면을 커트할 때 대퇴를 약 4cm를 남겨서 수직
으로 커트하고, 견체의 가랑이 아래방향 손가락 한마디
(1~2cm) 지점까지만 커트한다.

CAUTION 앵귤레이션 작업을 위하여 하퇴를 커트하지 않는다.

13

체고(몸 높이)를 결정하는데, 백 라인을 약 4cm 남겨 수
평으로 커트하고, 등을 평평하게 레벨링한다.

Tip 밴드 클립은 램 클립과 다르게 패턴 작업을 위하여
초벌 때 백라인 부위의 털을 약 4cm로 남겨야 하고,
재벌 작업 때 약 3cm가 된다.

14

좌·우 견갑 상완 전완은 견갑→상완→전완 순으로 커트하
고, 먼저 견갑을 지면과 45°각을 주어 넥라인부터 흉골단
앞까지 커트한다.

Tip 견체의 정면에서 좌·우를 함께 작업하면 작업시간을
단축할 수 있다.

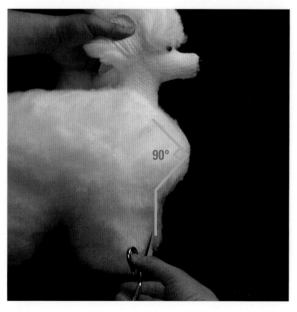

15

상완은 흉골단 앞에서 견갑과 90°각을 이루도록 커트하
고, 전완은 발끝 앞 약 2cm 기준의 수직선에 따라서 가랑
이 아래방향 손가락 한마디(1~2cm) 지점부터 수직으로
커트한다.

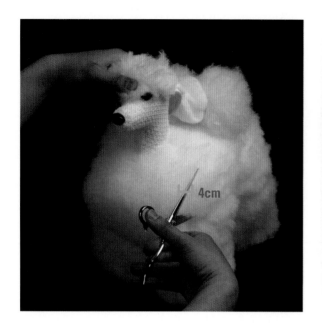

16 _____

좌·우 견갑 앞다리 외측면은 코 기준의 중심선에 따라서 좌우대칭으로 커트하고, 견갑은 볼륨감 있게 둥글게 커트하고, 앞다리 외측면은 흉골단 높이에서 약 4cm를 남기고 아래방향으로 수직으로 커트한다.

17 _____

앞다리 내측면은 먼저 코 기준의 중심선에 따라서 가랑이 아래방향 손가락 한마디(1~2cm) 위치의 시작점을 수평으로 커트한다.

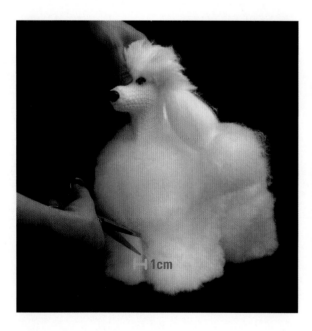

18 _____

시작점부터 좌·우 앞다리 간격은 약 1cm를 유지하며, 11자 형태로 수직으로 커트한다.

19 _____

전반신 앞다리 라운딩은 먼저 앞가슴을 흉골단 중심으로 반구의 형태로 라운딩하고, 앞다리는 원통형으로 라운딩하고, 전완과 풋 라인을 연결하고 풋라인을 알파벳 U자 형태로 라운딩한다.

> **Tip** 앞가슴을 라운딩할 때 커브가위를 사용하면 작업시간을 단축할 수 있고, 가위볼트를 흉골단에 위치하고 가윗날을 회전하여 라운딩할 수 있다.

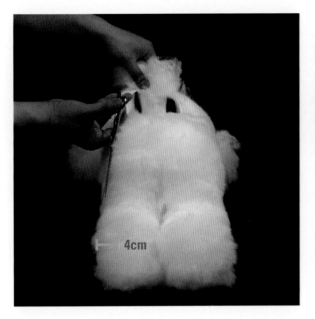

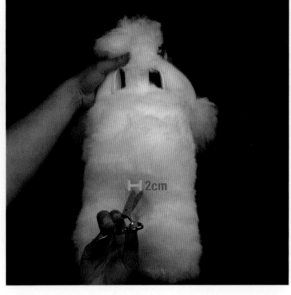

20 _____

좌·우 엉덩이 뒷다리 외측면은 후면에서 볼 때 꼬리 구멍 기준의 중심선에 따라서 외곽선(Outer Line)을 부드러운 알파벳 A자 형태로 좌우대칭으로 커트하고, 약 4cm를 남기고 커트한다.

21 _____

뒷다리 내측면은 꼬리 구멍 기준의 중심선에 따라서 먼저 가랑이 아래방향 손가락 한마디(1~2cm) 위치의 시작점을 수평으로 커트하고, 시작점부터 좌·우 뒷다리 간격은 약 2cm를 유지하며, 11자 형태로 수직으로 커트한다.

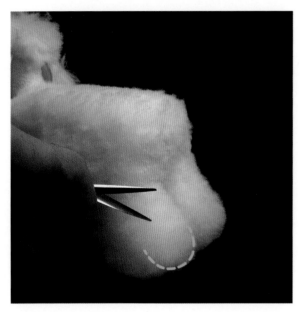

22 _____

좌·우 호크는 지면과 45°각을 주어 직선으로 커트하고, 좌·우 앵귤레이션은 대퇴와 하퇴가 120°각을 이루고 길이 비율이 1:1이 되도록 커트한다.

CAUTION 가윗날 안으로 앵귤레이션을 작업하면 털이 많이 눌리고, 하퇴와 호크가 작아지기 쉬우므로 가윗날 끝을 사용한다.

23 _____

후반신 뒷다리 라운딩은 후면에서 볼 때 좌우대칭으로 엉덩이를 아치형으로 라운딩하고, 뒷다리를 휘어진 파이프처럼 라운딩한다. 호크와 풋라인을 연결하고 풋라인을 알파벳 U자 형태로 라운딩한다.

24 _____

좌측면 턱업 언더라인은 먼저 턱업 아래 약 2cm 시작점을 수평으로 커트한다.

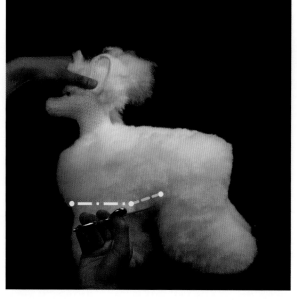

25 _____

언더라인은 턱업 아래 약 2cm 지점부터 엘보우까지 사선으로 커트한다.

> **Tip** 엘보우 위치는 앞가슴 하단과 동일하다.

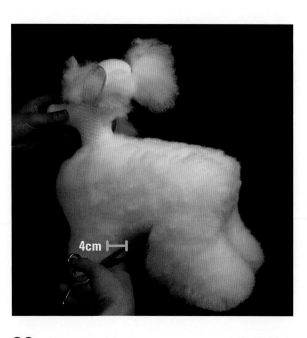

26 _____

앞다리 뒷면은 약 4cm를 남기고 엘보우에서 아래방향으로 수직으로 커트한다.

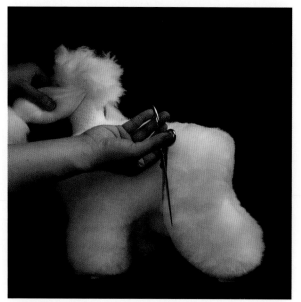

27 _____

뒷다리 앞면은 먼저 턱업을 기준하여 수직으로 커트하고, 스타이플 위치에서 발끝을 향하여 사선으로 커트하고 라운딩한다. 우측면 턱업 언더라인은 좌우대칭으로 작업하고 라운딩한다.

> **CAUTION** 뒷다리 앞면을 턱업에서 발끝으로 바로 사선으로 커트할 경우 무릎을 곡선으로 표현하기 어려워진다.

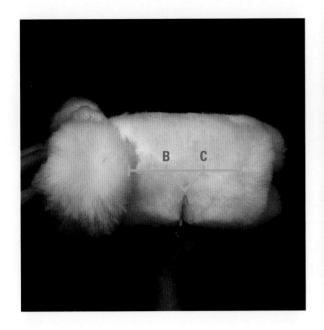

28

소리터리 패턴은 정마름모(정사각형) 형태로서 먼저 좌측면에서 등을 내려다보면서 작업하고, 패턴 작업의 시작점으로 라스트립(Last Rib)을 A로 정의한다.

> **Tip** 패턴 작업 전에 등을 한번 더 평평하게 레벨링하면 작업이 더 쉬워진다.

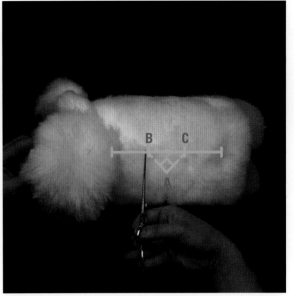

29

백라인(넥 클리핑 라인↔꼬리)을 4등분하고, A와 V자로 연결되는 지점을 B와 C로 정의한다. A, B, C 지점을 약 1cm씩 커트하여 마킹(Marking)한다.

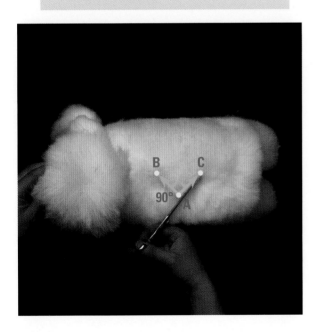

30

패턴 외곽선(바깥 테두리)은 직각이등변삼각형을 상상하면서 A→B, A→C으로 V자로 커트하고, 두 변이 직각(90°)을 이루도록 커트한다. 패턴 내곽선(안쪽 테두리)은 외곽선에서 약 0.5cm씩 안쪽으로 평행하게 커트한다.

> **CAUTION** 소리터리 패턴을 클리핑할 때 외곽선과 내곽선 간격이 더 벌어지기 때문에 가위로 간격을 크게 커트하지 않는다.

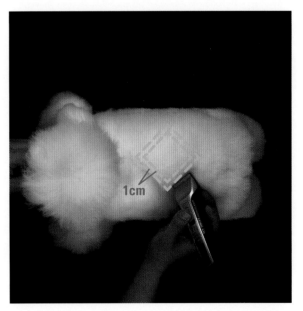

31

소리터리 패턴 클리핑은 먼저 직각이등변삼각형의 한 변을 바깥에서 안쪽으로 약 1cm 폭으로 클리핑한다. (외곽선→내곽선)

> **Tip** 소리터리 패턴 클리핑 전에 외곽선 부분의 불필요한 털을 제거하면 시야 확보가 되고 클리핑 작업이 더 쉬워진다.

32 _____

직각이등변삼각형의 다른 변을 바깥에서 안쪽으로 약 1cm 폭으로 클리핑한다. 우측면에서 소리터리 패턴을 좌우대칭으로 작업한다.

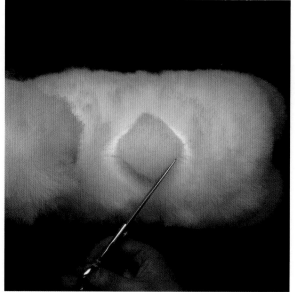

33 _____

소리터리 패턴 클리핑이 끝나면 클리핑 라인(내곽선)이 명확하게 보이도록 직각으로 커트한다.

34 _____

클리핑 라인(외곽선)이 명확하게 보이도록 패턴 주변부를 라운딩한다. 허리 라인은 위에서 볼 때 턱업을 기준하여 털을 2~3cm 남기고 잘록하게 라운딩한다.

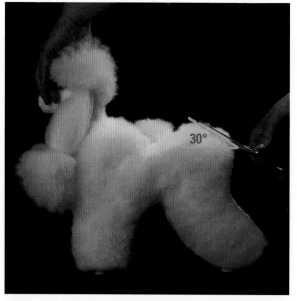

35 _____

좌골은 패턴 작업 후 약 30°각을 주어 커트하고 라운딩한다.

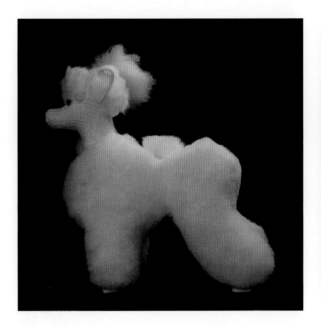

36 _____

측면에서 볼 때 클리핑 라인이 잘 보이도록 패턴 주변부를
라운딩한다.

37 _____

좌반신 면처리는 반시계방향으로 먼저 상체부터 면을 매
끄럽게 면처리하고, 가슴-어깨-등-허리를 모두 연결하면
서 면처리한다.

38 _____

앞다리를 원통형으로 면처리하고, 전완과 풋라인을 연결
하면서 풋라인을 알파벳 U자 형태로 면처리한다.

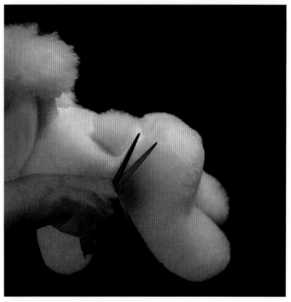

39 _____

엉덩이와 뒷다리는 후면에서 볼 때 좌우대칭으로 부드러
운 알파벳 A자 형태로 면처리하고, 엉덩이를 아치형으로
면처리하고 좌골 기울기(30°)를 강조한다.

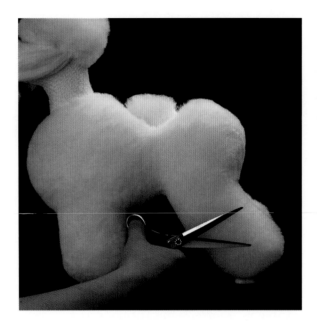

40 _____

뒷다리 무릎을 곡선으로 면처리하고, 앵귤레이션(120˚)
을 강조하고, 호크와 풋라인을 연결하면서 풋라인을 알파
벳 U자 형태로 면처리한다. 우반신 면처리는 좌우대칭으
로 작업한다.

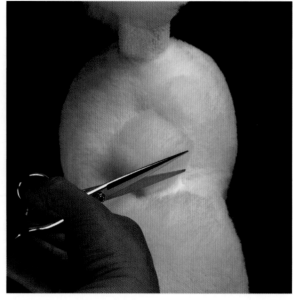

41 _____

위에서 볼 때 소리터리 패턴의 정마름모(정사각형) 네 개
의 모서리 각이 명확하게 보이도록 면처리하고, 패턴의 털
이 무너지지 않도록 유의한다.

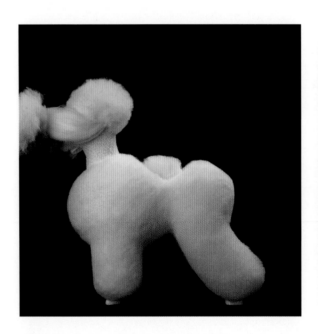

42 _____

측면에서 볼 때 백라인(위더스-패턴-엉덩이)을 수평으로
레벨링하고, 클리핑 라인이 잘 보이도록 패턴 주변부를 면
처리한다.

43 _____

크라운 재벌은 크라운 앞뒤에 볼륨감을 주고, 눈과 이미지
너리라인(클리핑 라인)과 귀뿌리 경계선이 명확하게 보이
도록 작업한다.

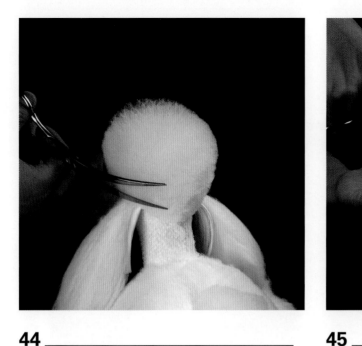

44 _____

후두부를 알파벳 U자 형태로 면처리하고, 클리핑 라인이 명확하게 보이도록 작업한다.

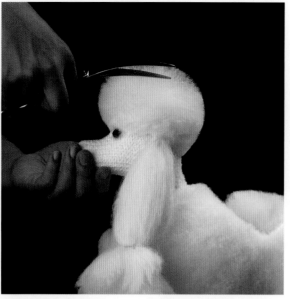

45 _____

크라운을 측면에서 볼 때 크라운 최고점이 눈꼬리와 귀뿌리 앞 사이가 되도록 면처리한다.

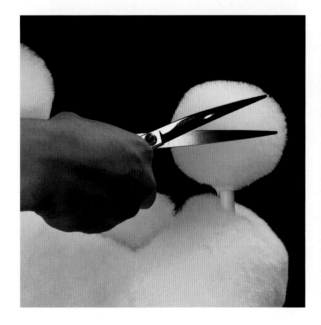

46 _____

폼폰은 커브가위를 사용하여 지름 약 8cm의 구 형태로 라운딩한다.

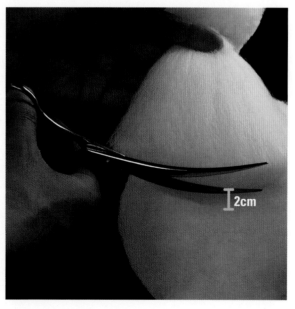

2cm

47 _____

이어 프린지는 먼저 밴딩가위를 사용하여 밴드를 완전히 제거하고, 좌우대칭으로 흉골단보다 2cm 높게 둥글게 커트한다.

COMPLETED

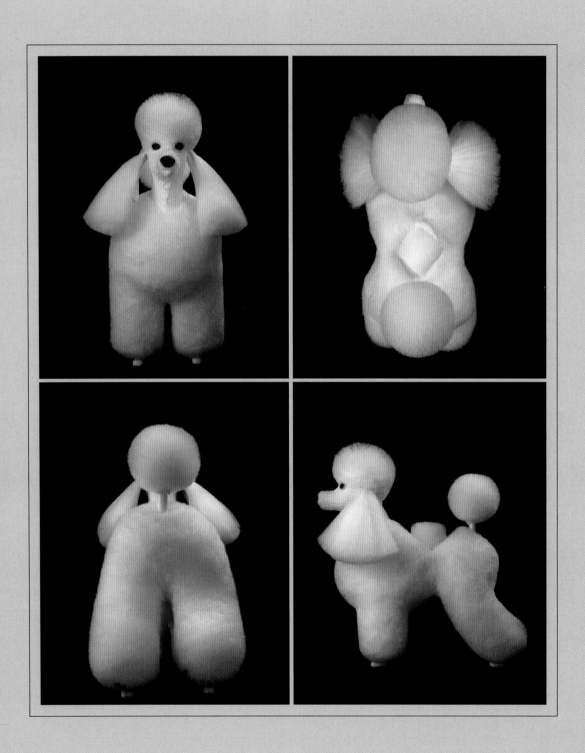

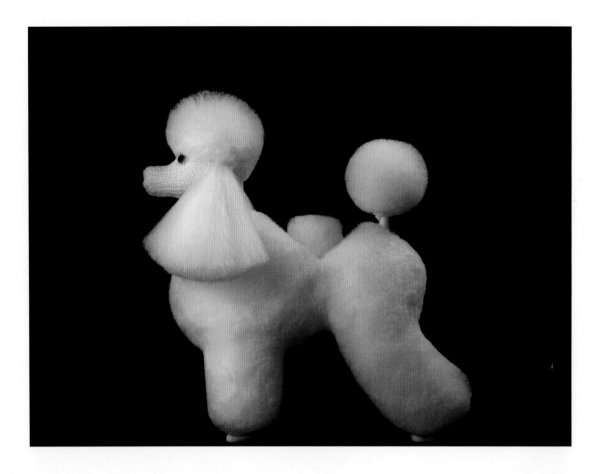

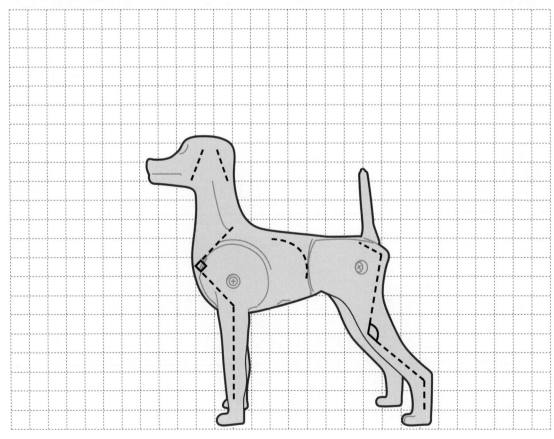

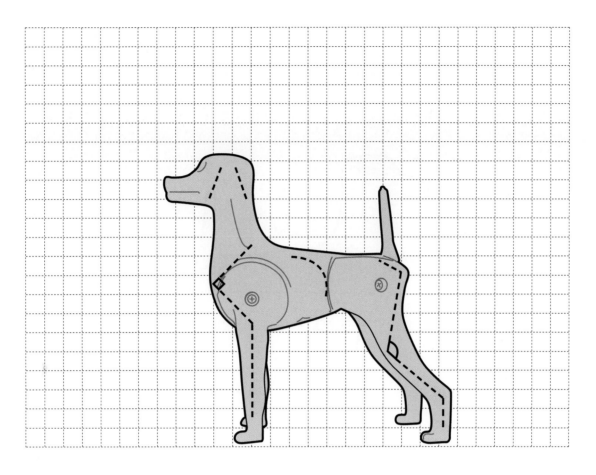

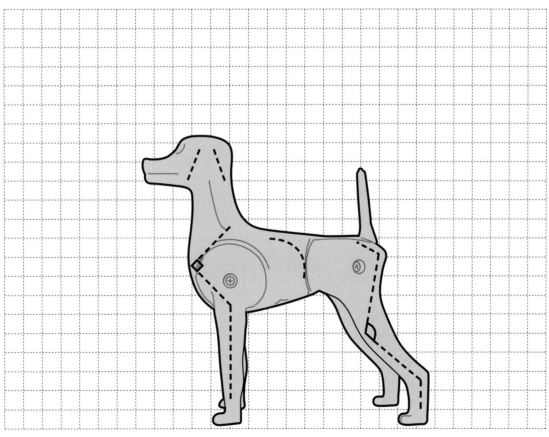

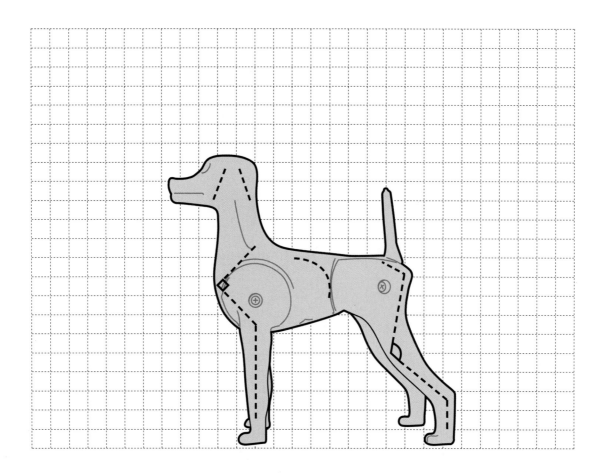

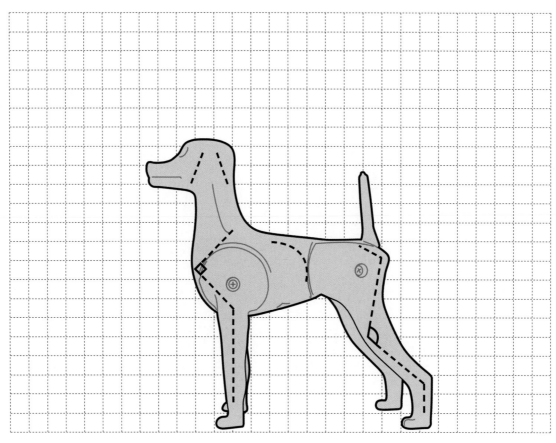

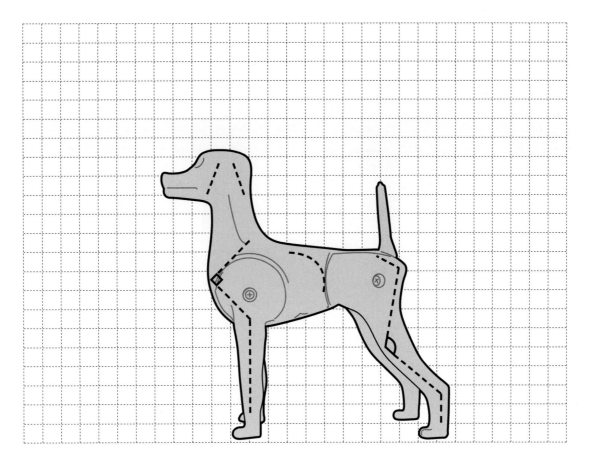

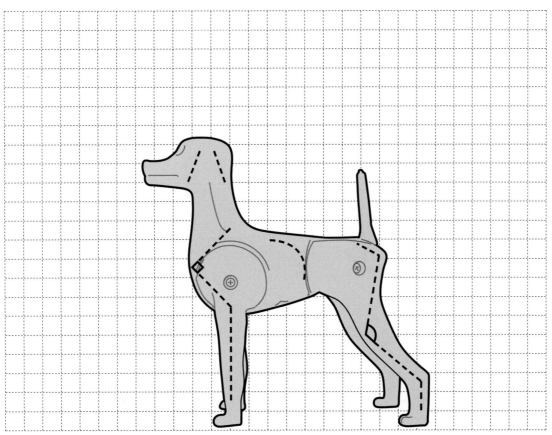

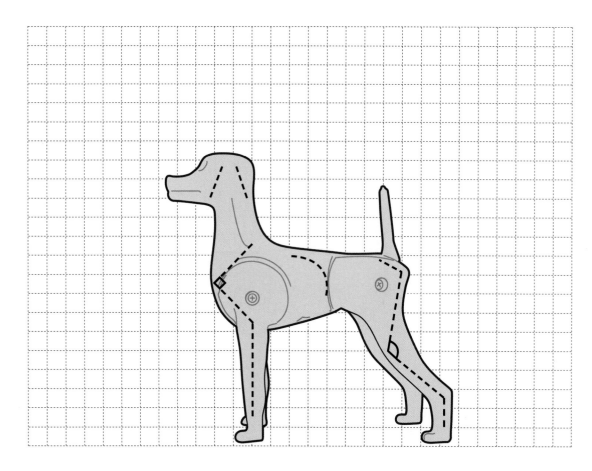

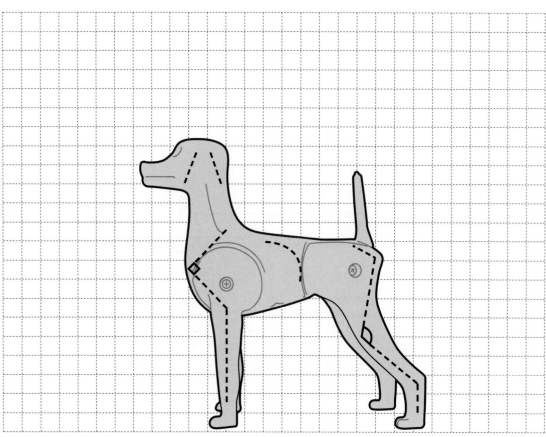

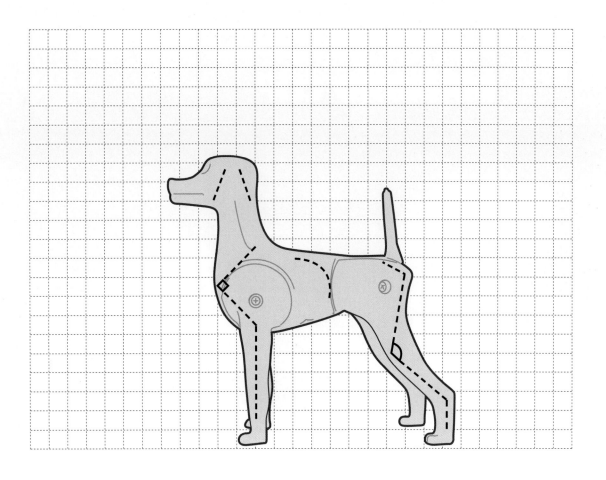

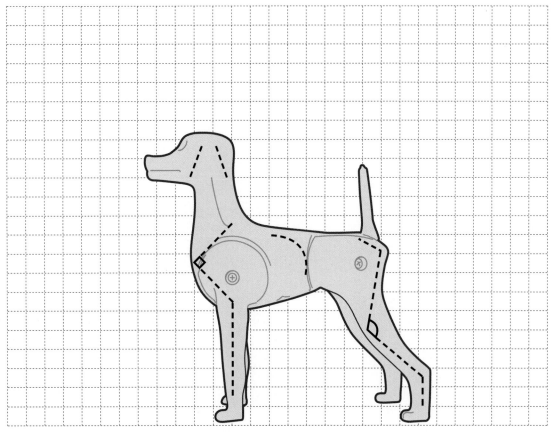

07 다이아몬드 클립

DIAMOND CLIP

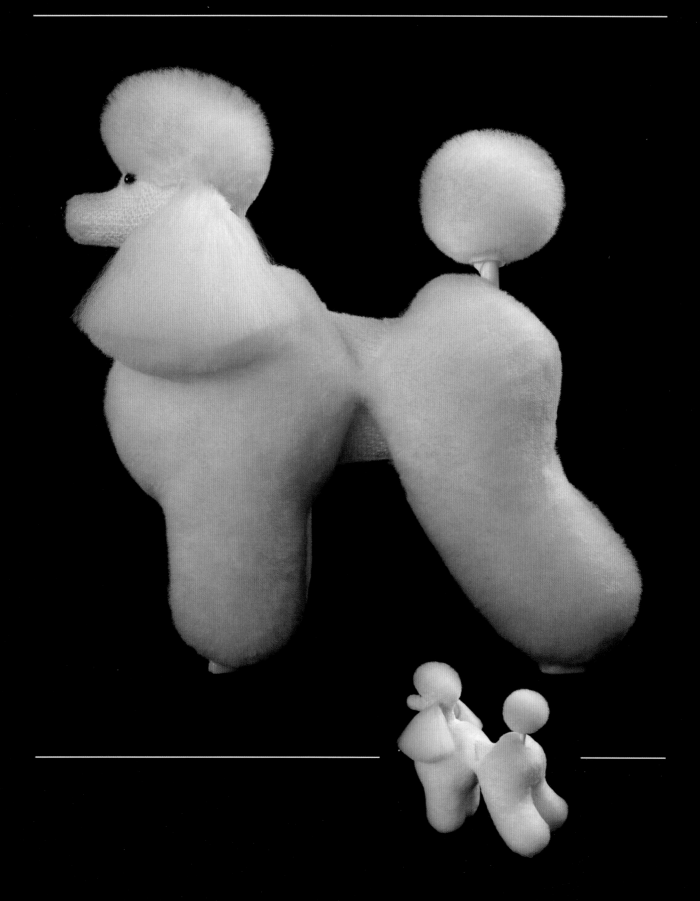

다이아몬드 클립

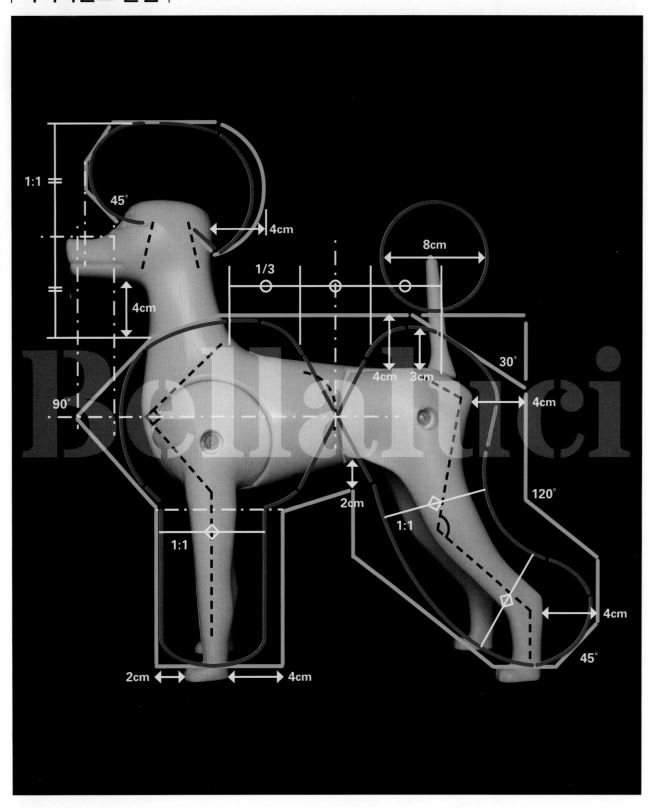

초벌라인
패턴 재벌라인
기준라인
치수라인

PROCESS |작업순서

5 min 얼굴 넥밴드 클리핑
(Face & Neckband Clipping)

1 min 크라운
(Crown)

4 min 풋라인
(Foot Line)

1 min 넥라인 블렌딩
(V-line, Neckline Blending)

1 min 체장
(Body Length)

1 min 체고 백라인
(Body Height, Backline)

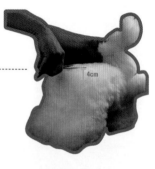

2 min 좌·우 견갑 상완 전완
(Shoulder & Upper Arm & Forearm)

1 min 좌·우 견갑 앞다리 외측면
(Outer Line on the Front)

2 min 앞다리 내측면
(Span of Front Legs)

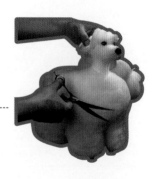

1 min 전반신 앞다리 라운딩
(Forequarters, Front Legs Rounding)

1 min 좌·우 엉덩이 뒷다리 외측면
(A-line, Outer Line on the Rear)

2 min 뒷다리 내측면
(Span of Hind Legs)

1 min 좌·우 호크
(Hocks)

2 min 좌·우 앵귤레이션
(Angulation)

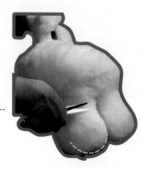

1 min 후반신 뒷다리 라운딩
(Hindquarters, Hind Legs Rounding)

	2 min	**좌측면 턱업 언더라인** (Tuck-up & Underline on the Left Side)
	2 min	**우측면 턱업 언더라인** (Tuck-up & Underline on the Right Side)
	30 min	**초벌 종료**
패턴	19 min	**다이아몬드 패턴** (Diamond Pattern Clipping Rounding)
	1 min	**좌골** (Hipbone)
	20 min	**패턴 종료**
재벌	30 min	**좌반신 면처리** (Trimming the Left Side with Scissors)
	30 min	**우반신 면처리** (Trimming the Right Side with Scissors)
	5 min	**크라운** (Crown)
	4 min	**폼폰** (Pompon)
	1 min	**이어 프린지** (Ear Fringes)
	70 min	**재벌 종료**
완성	**120 min TOTAL**	

반려견스타일리스트 실기

DIAMOND CLIP

다이아몬드 클립은 측면에서 볼 때 견체의 중심점을 기준으로 X자 형태의 패턴을 클리핑한다. 등 윗면에 다이아몬드 모양의 패턴을 표현하고, 복부 아랫면을 클리핑하는 특징이 있다.

00 _____

위그를 견체에 세팅하고, 견체를 바로 세운 후 전체적으로 털이 길고 풍성해 보이도록 코밍한다. 브러싱과 코밍 상태가 양호해야 시저링이 잘 되고 작업시간을 단축할 수 있다.

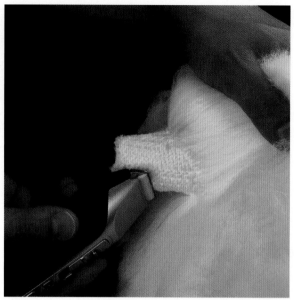

01 _____

얼굴 넥밴드 클리핑은 먼저 시야 확보를 위하여 머즐 앞쪽의 둘레를 클리핑한다.

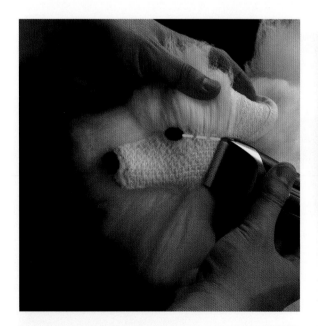

02 _____

작업의 효율성을 위해 귀를 올려서 잡고 귀뿌리 아래쪽을 클리핑한 후 이미지너리라인을 직선으로 클리핑한다. 뒤에서 앞으로 이미지너리라인→뺨→머즐 순으로 클리핑하고, 넥밴드 작업의 효율성을 위해 턱 아래 약 2cm까지만 러프하게 클리핑한다.

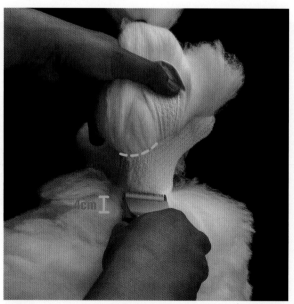

03 _____

넥밴드 클리핑은 넥밴드 뒤쪽을 백라인 높이 약 4cm에 맞추어 클리핑하고, 후두부를 알파벳 U자 형태로 클리핑한다.

> **Tip** 넥밴드 작업이 익숙해지면 가이드라인 작업을 생략하고 바로 클리핑할 수 있다.

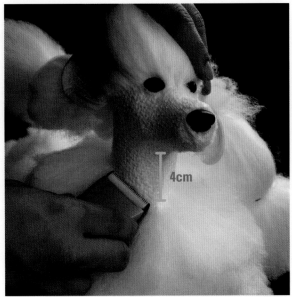

04 _____

넥밴드(넥라인)를 넥 뒤에서 턱 아래 4cm까지 약 30°각을 주고 내려가면서 클리핑하고, 정면에서 볼 때 좌우대칭으로 알파벳 U자 같은 V자로 표현한다.

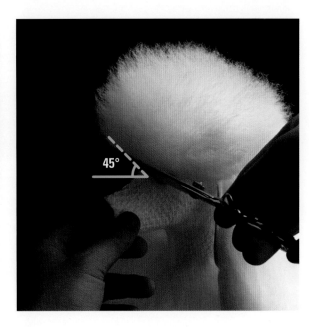

05 _____

크라운은 작업의 효율성을 위해 먼저 전후 좌우 불필요한 털을 수직으로 커트하고, 스톱에서 45°각을 주어 커트한다.

06 _____

코 기준의 중심선에 따라서 눈, 이미지너리라인, 귀뿌리 경계선이 보이도록 좌우대칭으로 라운딩한다.

> **Tip** 크라운 높이는 정면에서 볼 때 검정색 코를 기준하기가 쉽고, 코 윗면을 기준하여 턱 아래 4cm 지점과 같은 길이로 크라운 높이를 결정한다. 크라운 최고점은 측면에서 볼 때 눈꼬리와 귀뿌리 앞 사이가 되도록 라운딩한다.

07 _____

풋라인은 털을 아래방향으로 코밍하고, 먼저 좌측 뒷발부터 작업하여 동선을 반시계방향으로 한다. 좌측 뒷발→우측 뒷발→우측 앞발→좌측 앞발 순으로 커트하고, 네 개의 발등 높이가 균등하게 보이도록 커트한다.

> **Tip** 풋라인은 바깥쪽의 불필요한 털부터 안쪽으로 감아서 자르면 시야 확보가 가능하고 작업시간을 단축할 수 있다.

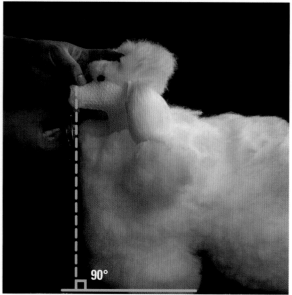

08 _____

넥라인 블렌딩은 먼저 넥라인 주변부의 불필요한 털을 제거하고, 가윗등을 넥라인에 붙이고 앞가슴과 어깨의 볼륨을 고려하여 피부면과 수직으로 블렌딩한다.

09 _____

체장(몸 길이)을 결정할 때 먼저 체장 앞면을 커트하고 체장 뒷면을 커트한다. 체장 앞면은 머즐의 1/3 지점을 기준하여 앞가슴을 수직으로 커트한다.

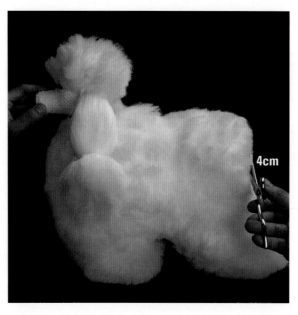

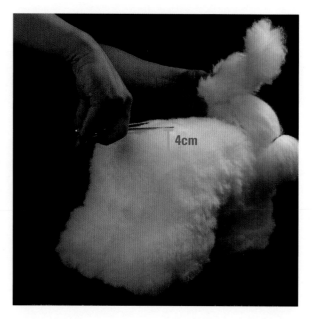

10 _____

체장 뒷면을 커트할 때 대퇴를 약 4cm를 남겨서 수직으로 커트하고, 견체의 가랑이 아래방향 손가락 한마디(1~2cm) 지점까지만 커트한다.

CAUTION 앵귤레이션 작업을 위하여 하퇴를 커트하지 않는다.

11 _____

체고(몸 높이)를 결정하는데, 백라인을 약 4cm 남겨 수평으로 커트하고, 등을 평평하게 레벨링한다.

Tip 밴드 클립은 램 클립과 다르게 패턴 작업을 위하여 초벌 때 백라인 부위의 털을 약 4cm로 남겨야 하고, 재벌 때 약 3cm가 된다.

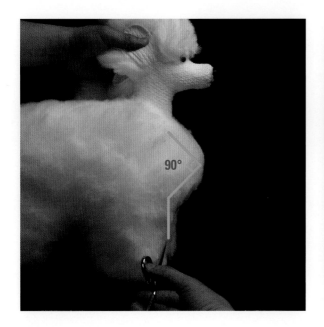

12 —————————————————————————

좌·우 견갑 상완 전완은 견갑→상완→전완 순으로 커트하고, 먼저 견갑은 지면과 45°각을 주어 넥라인부터 흉골단 앞까지 커트한다. 상완은 흉골단 앞에서 견갑과 90°각을 이루도록 커트하고, 전완은 발끝 앞 약 2cm 기준하여 가랑이 아래방향 손가락 한마디(1~2cm) 지점부터 수직으로 커트한다.

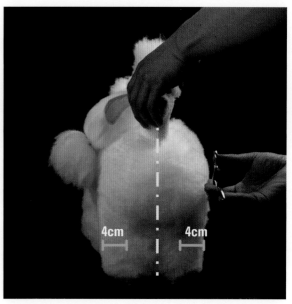

13 —————————————————————————

좌·우 견갑 앞다리 외측면은 코 기준의 중심선에 따라서 좌우대칭으로 커트하고, 견갑은 볼륨감 있게 둥글게 커트하고, 앞다리 외측면은 흉골단 높이에서 약 4cm를 남기고 아래방향으로 수직으로 커트한다.

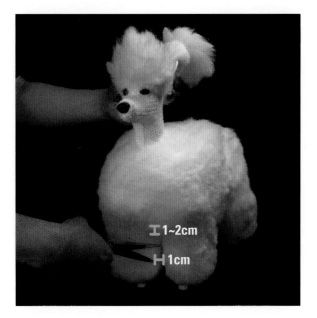

14 —————————————————————————

앞다리 내측면은 먼저 코 기준의 중심선에 따라서 가랑이 아래방향 손가락 한마디(1~2cm) 위치의 시작점을 수평으로 커트하고, 시작점부터 좌·우 앞다리 간격은 약 1cm를 유지하며, 11자 형태로 수직으로 커트한다.

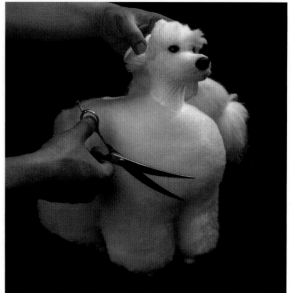

15 —————————————————————————

전반신 앞다리 라운딩은 먼저 앞가슴을 흉골단 중심의 반구 형태로 라운딩한다.

> **Tip** 앞가슴을 라운딩할 때 커브가위를 사용하면 작업시간을 단축할 수 있고, 가위볼트(Pivot Screw)를 흉골단에 위치하고 가윗날을 회전하여 라운딩할 수 있다.

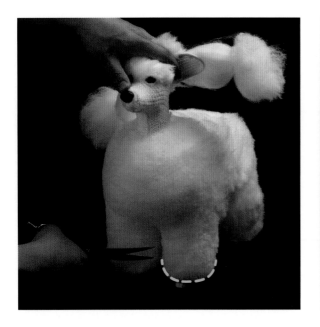

16

앞다리는 원통형으로 라운딩하고, 전완과 풋라인을 연결하고 풋라인을 알파벳 U자 형태로 라운딩한다.

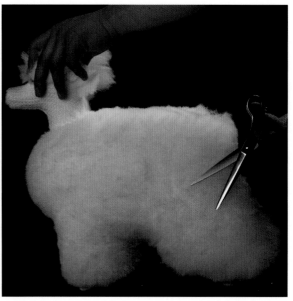

17

좌우 엉덩이 뒷다리 외측면(A-Line)은 후면에서 볼 때 꼬리 구멍 기준의 중심선에 따라서 외곽선(Outer Line)을 부드러운 알파벳 A자 형태로 좌우대칭으로 커트하고, 약 4cm를 남기고 커트한다.

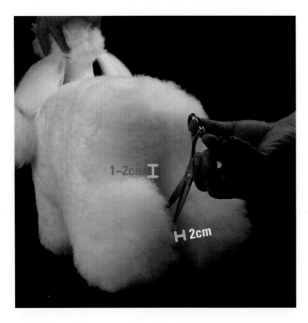

18

뒷다리 내측면은 꼬리 구멍 기준의 중심선에 따라서 먼저 가랑이 아래방향 손가락 한마디(1~2cm) 위치의 시작점을 수평으로 커트하고, 시작점부터 좌·우 뒷다리 간격은 약 2cm를 유지하며, 11자 형태로 수직으로 커트한다.

19

좌·우 호크는 지면과 45°각을 주어 직선으로 커트하고, 좌·우 앵귤레이션은 대퇴와 하퇴가 120°각을 이루고 길이 비율이 1:1이 되도록 커트한다.

CAUTION 가윗날 안으로 앵귤레이션을 작업하면 털이 많이 눌리고, 하퇴와 호크가 작아지기 쉬우므로 가윗날 끝을 사용한다.

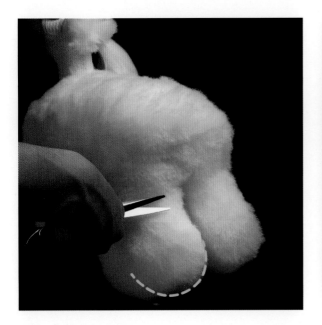

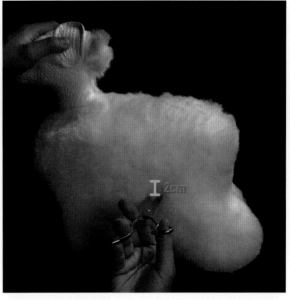

20 _____

후반신 뒷다리 라운딩은 후면에서 볼 때 좌우대칭으로 엉덩이를 아치형으로 라운딩하고, 뒷다리는 휘어진 파이프처럼 라운딩한다. 호크와 풋라인을 연결하고 풋라인을 알파벳 U자 형태로 라운딩한다.

21 _____

좌측면 턱업 언더라인은 먼저 턱업 아래 약 2cm 시작점을 수평으로 커트한다.

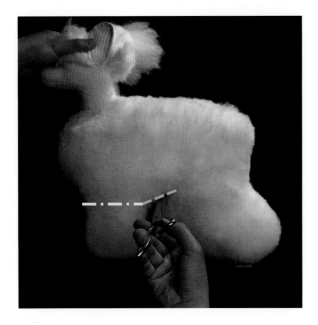

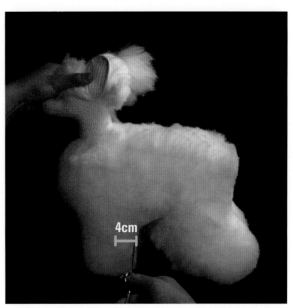

22 _____

언더라인은 턱업 아래 약 2cm 지점부터 엘보우까지 사선으로 커트한다.

> (Tip) 엘보우 위치는 앞가슴 하단과 동일하다.

23 _____

앞다리 뒷면은 약 4cm를 남기고 엘보우에서 아래방향으로 수직으로 커트한다.

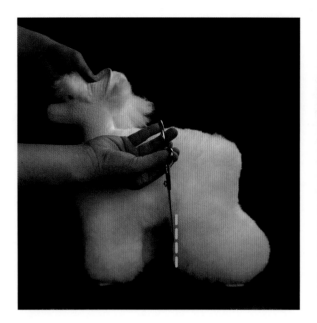

24 _____

뒷다리 앞면은 먼저 턱업을 기준하여 수직으로 커트하고, 스타이플 위치에서 발끝을 향하여 사선으로 커트하고 라운딩한다.

CAUTION 뒷다리 앞면을 턱업에서 발끝으로 바로 사선으로 커트할 경우 무릎을 곡선으로 표현하기 어려워진다.

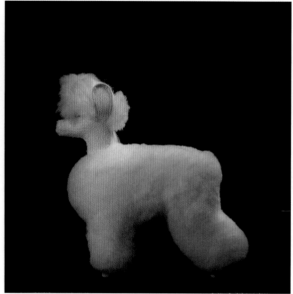

25 _____

우측면 턱업 언더라인은 좌우대칭으로 작업하고 라운딩한다.

Tip 다이아몬드 패턴 작업 전에 등을 한번 더 평평하게 레벨링하면 작업이 더 쉬워진다.

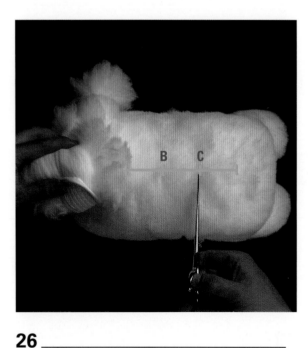

26 _____

다이아몬드 패턴은 먼저 등을 내려다보면서 백라인(넥 클리핑 라인↔꼬리 구멍)을 3등분하고, 약 1cm씩 커트하여 마킹(Marking)한다.

27 _____

다이아몬드 패턴은 좌측면에서 X자 형태이고, 몸통의 중심으로 라스트립(Last Rib)을 A로 정의한다. A와 V자로 연결되는 등 위의 3등분 지점을 B와 C로 정의하고, A→B와 A→C 방향으로 V자로 커트한다.

Tip V자 안쪽(▼)을 클리핑할 때 커트한 라인 폭보다 더 커지기 때문에 V자 각을 조금 작게 커트한다.

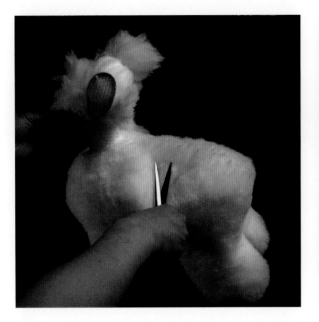

28 _____

클리핑 전에 V자 안쪽(▼)의 불필요한 털을 제거한다.

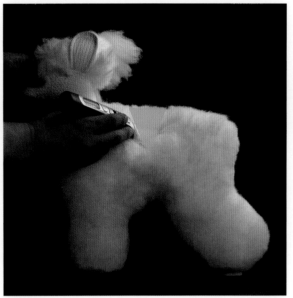

29 _____

V자 라인 안쪽(▼)을 클리핑할 때 넓은 곳부터 클리핑하고, A와 가까워질수록 좁아지는 곳은 클리퍼날 모서리를 이용하여 조금씩 클리핑한다.

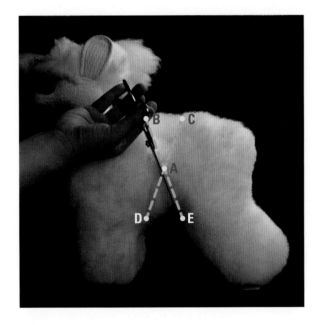

30 _____

라스트립 A와 역V자로 연결되는 지점을 D와 E로 정의하고, 가위 끝을 아래방향으로 하여 역V자를 커트한다.

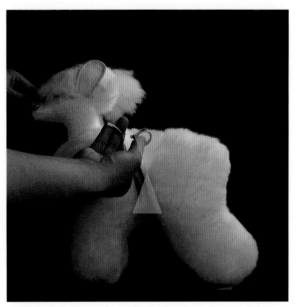

31 _____

클리핑 전에 역V자 안쪽(▲)의 불필요한 털을 제거한다.

> **Tip** 라스트립 A를 중심으로 X자 형태를 잘 표현하려면 A 지점에서 위와 아래가 관통되지 않도록 털을 과도하게 클리핑하지 않는다.

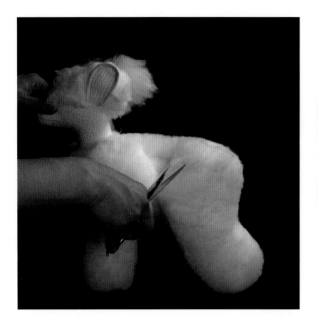

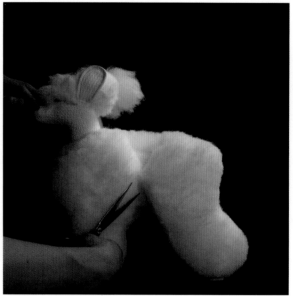

32

역V자 안쪽(▲)을 정확히 클리핑하려면 V자 클리핑 라인이 명확히 보여야 한다. 다이아몬드 패턴 주변부를 라운딩하여 시야를 확보한다.

> **Tip** 허리 라인은 위에서 볼 때 라스트립 A에 위치하고, 털을 약 2cm를 남기고 잘록하게 라운딩한다.

33

역V자 안쪽(▲)을 V자 클리핑 라인에 맞추어 상하 대칭으로 라운딩하고, 클리퍼가 들어갈 공간과 시야를 확보한다.

34

역V자 안쪽(▲)을 클리핑할 때 넓은 곳부터 클리핑하고, A와 가까워질수록 좁아지는 곳은 클리퍼날 모서리를 이용하여 조금씩 클리핑한다.

35

좌측면에서 다이아몬드 패턴을 작업한 후 우측면에서 좌우대칭으로 작업한다. 위에서 볼 때 마름모의 네 개의 모서리 각이 서로 대칭이 되도록 작업한다.

36 _____

견체 후면에 서서 좌우대칭을 확인하면서 다이아몬드 패턴을 클리핑한다.

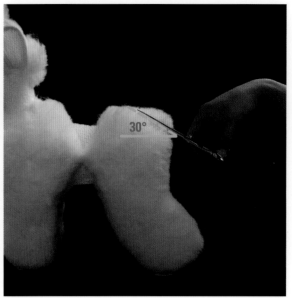

37 _____

좌골은 패턴 작업 후 30°각을 주어 커트하고 라운딩한다.

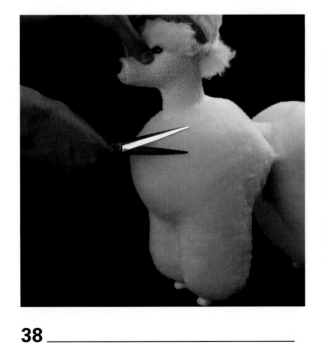

38 _____

좌반신 면처리는 반시계방향으로 먼저 상체부터 면을 매끄럽게 면처리하고, 가슴-어깨-등-허리를 모두 연결하면서 면처리한다.

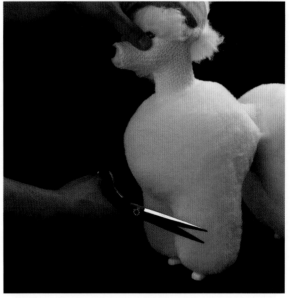

39 _____

앞다리를 원통형으로 면처리하고, 전완과 풋라인을 연결하고 풋라인을 알파벳 U자 형태로 면처리한다.

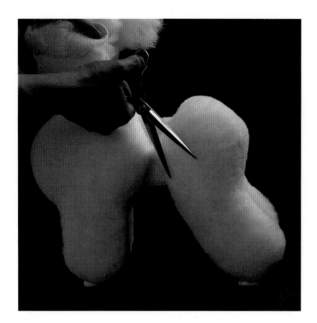

40

엉덩이와 뒷다리는 후면에서 볼 때 좌우대칭으로 부드러운 알파벳 A자 형태로 면처리하고, 엉덩이를 아치형으로 면처리하고 좌골 기울기(30°)를 강조한다.

41

뒷다리 무릎은 곡선으로 면처리하고, 앵귤레이션(120°)을 강조하고, 호크와 풋라인을 연결하고 풋라인을 알파벳 U자 형태로 면처리한다. 우반신 면처리는 좌우대칭으로 작업한다.

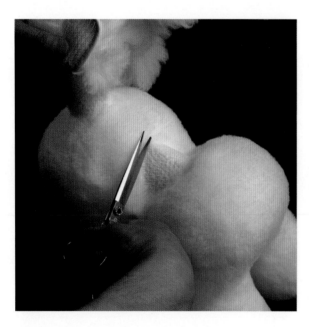

42

위에서 볼 때 다이아몬드 패턴의 마름모 네 모서리 각이 명확하게 보이도록 패턴 주변부를 면처리한다.

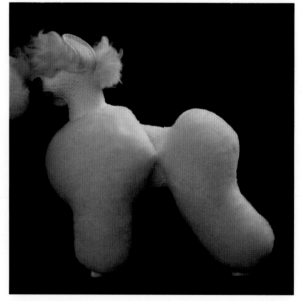

43

측면에서 볼 때 백라인(위더스-엉덩이)을 수평으로 레벨링하고, 클리핑 라인이 잘 보이도록 패턴 주변부를 면처리한다.

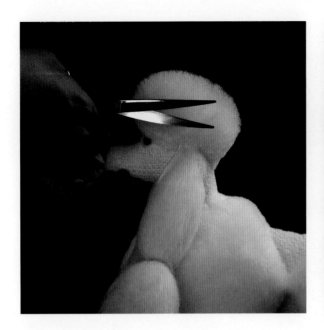

44

크라운 재벌은 크라운 앞뒤에 볼륨감을 주고, 눈과 이미지 너리라인(클리핑 라인)과 귀뿌리 경계선이 명확하게 보이도록 작업하고, 후두부는 알파벳 U자 형태로 면처리한다. 측면에서 볼 때 크라운 최고점이 눈과 귀뿌리 앞 사이가 되도록 면처리한다.

45

폼폰은 커브가위를 사용하여 지름 약 8cm의 구 형태로 라운딩한다.

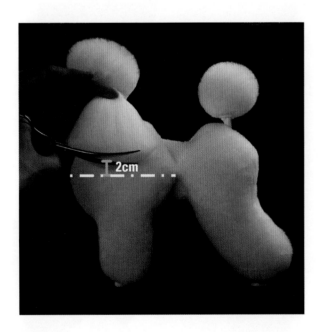

46

이어 프린지는 먼저 밴딩가위를 사용하여 밴드를 완전히 제거하고, 좌우대칭으로 흉골단보다 2cm 높게 둥글게 커트한다.

COMPLETED

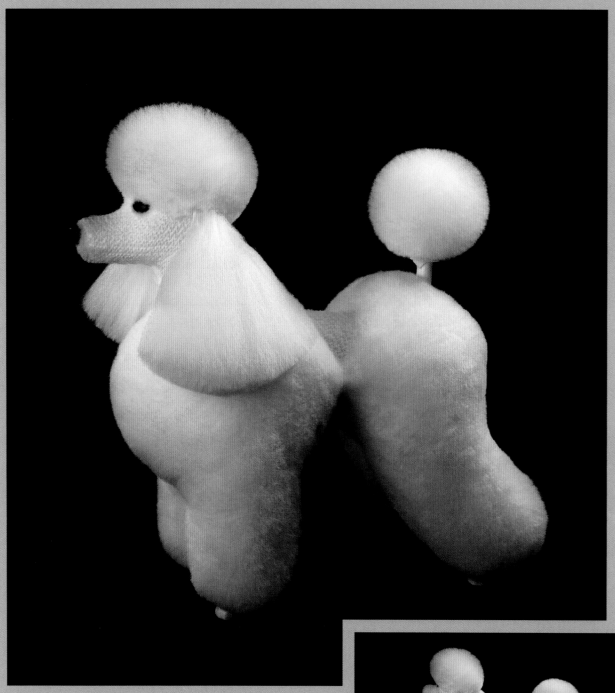

반려견스타일리스트 실기

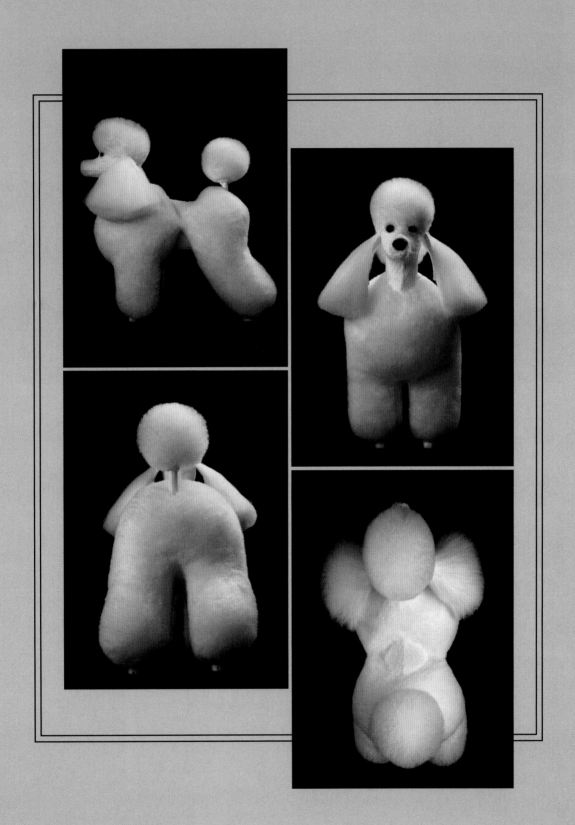

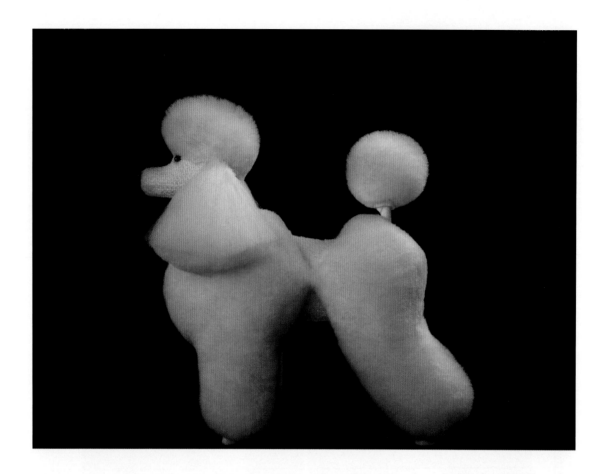

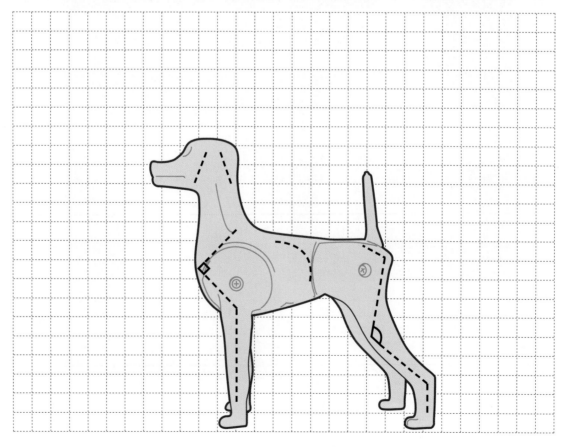

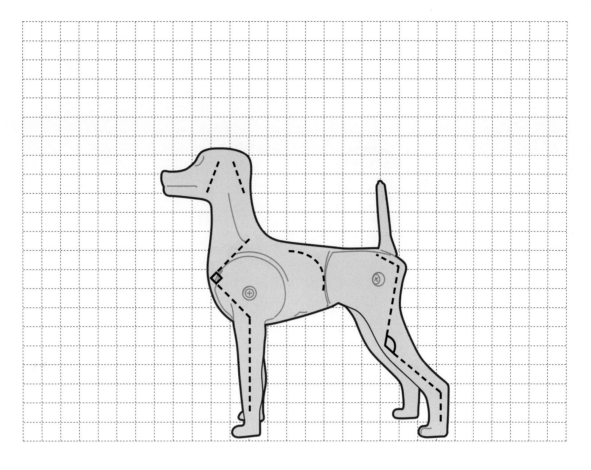

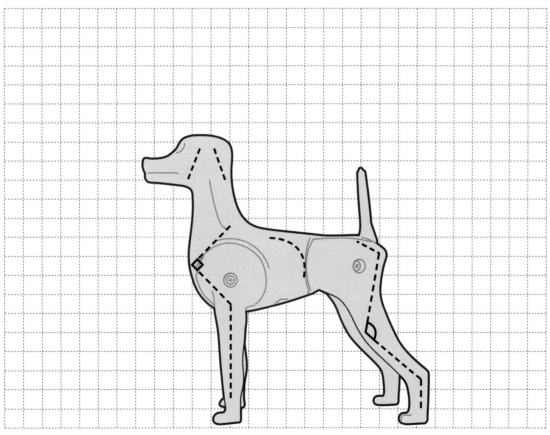

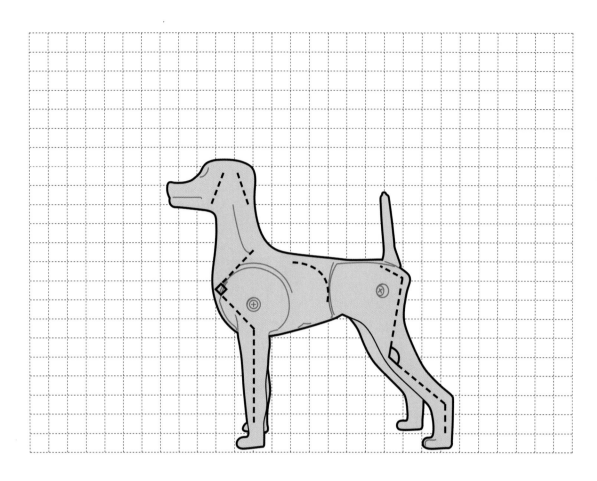

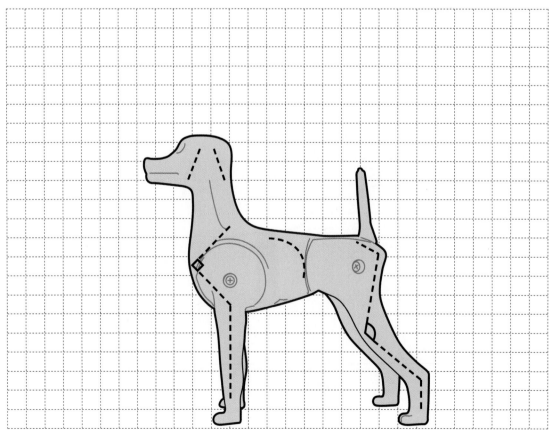

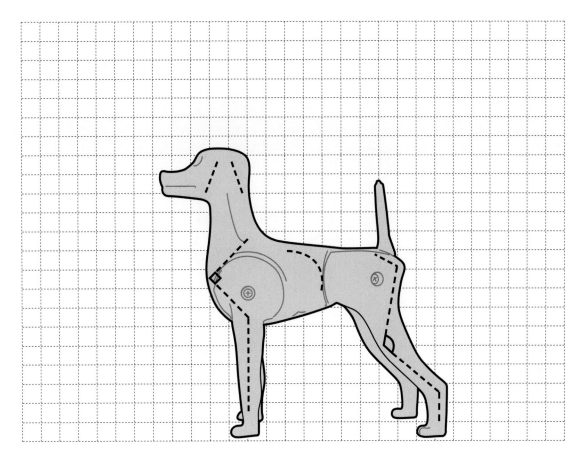

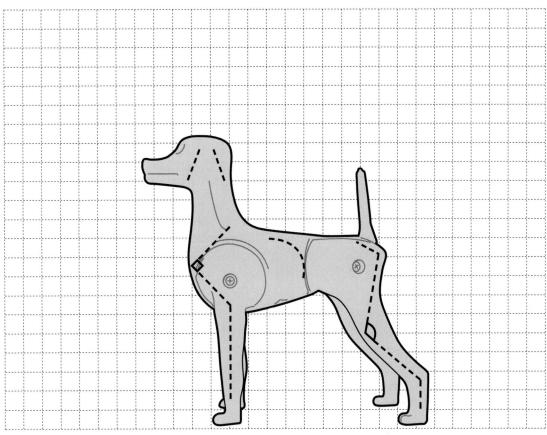

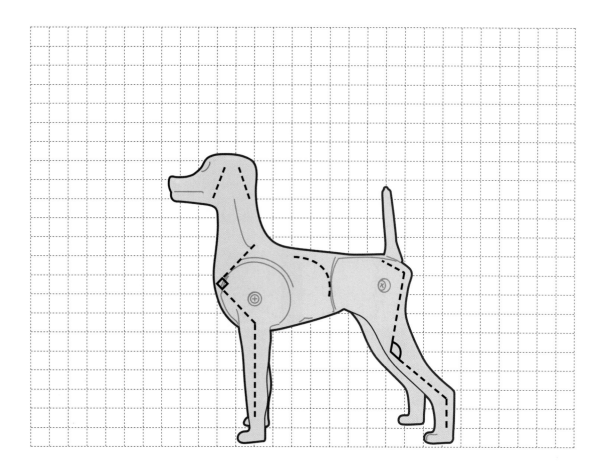

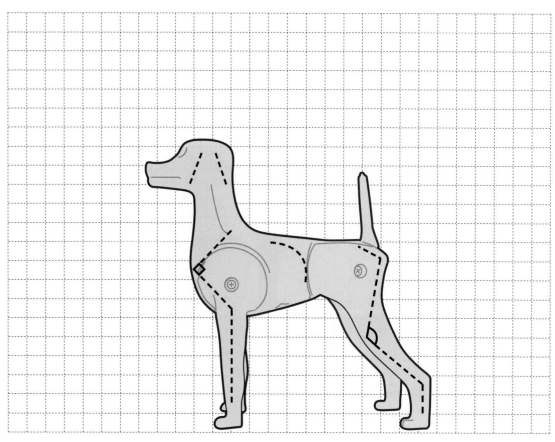

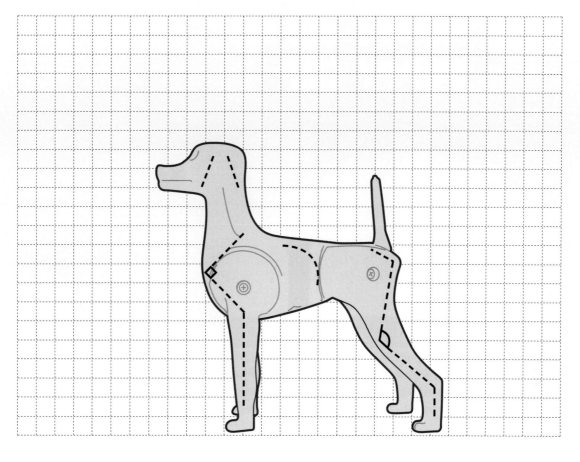

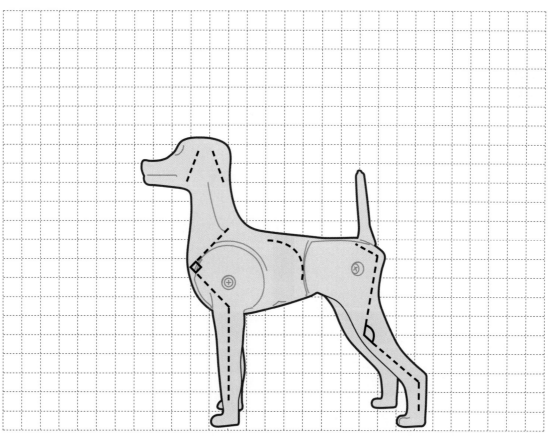

217

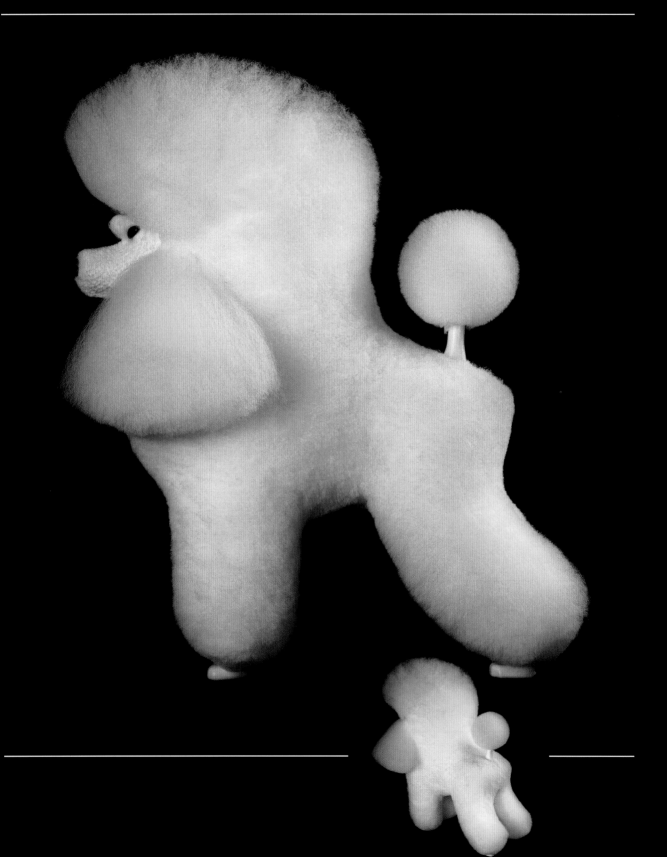

퍼피 클립

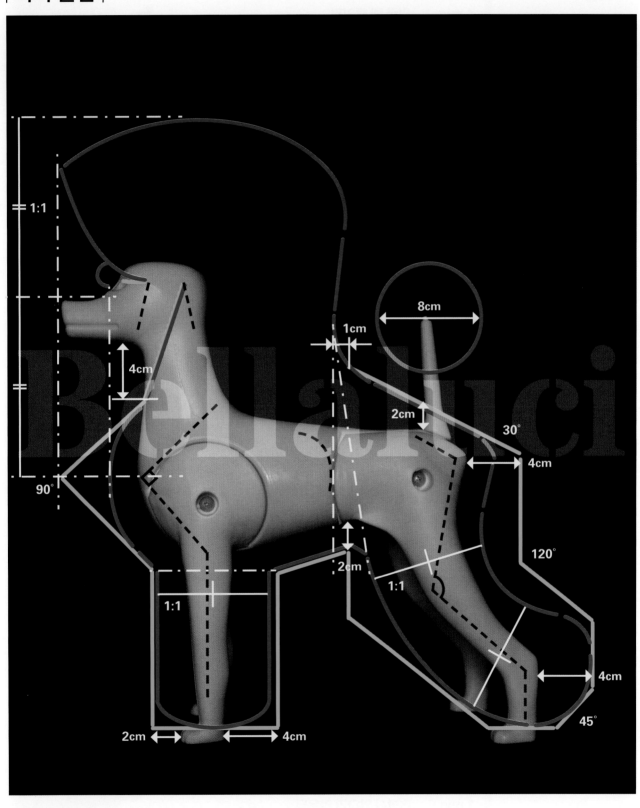

초벌라인
패턴 재벌라인
기준라인
치수라인

PROCESS |작업순서

4 min   **얼굴 넥 클리핑**
(Face & Neck Clipping)

4 min   **풋라인**
(Foot Line)

1 min   **넥라인 블렌딩**
(V-line, Neckline Blending)

2 min   **체장**
(Body Length)

2 min   **체고 백라인**
(Body Height, Backline)

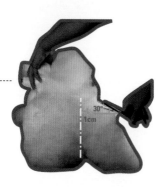

1 min   **파팅라인**
(Parting Line)

1 min   **뒷다리 외측면**
(A-line, Outer Line on the Rear)

2 min   **뒷다리 내측면**
(Span of Hind Legs)

1 min   **호크**
(Hocks)

1 min   **앵귤레이션**
(Angulation)

1 min   **후반신 뒷다리 라운딩**
(Hindquarters, Hind Legs Rounding)

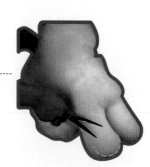

2 min   **견갑 상완 전완**
(Shoulder & Upper Arm & Forearm)

1 min   **앞다리 외측면**
(Outer Line on the Front)

2 min   **앞다리 내측면**
(Span of Front Legs)

1 min   **전반신 앞다리 라운딩**
(Forequarters, Front Legs Rounding)

반려견스타일리스트 실기

	2 min	**좌측면 턱업 언더라인** (Tuck-up & Underline on the Left Side)
	2 min	**우측면 턱업 언더라인** (Tuck-up & Underline on the Right Side)
	30 min	**초벌 종료**
탑노트	5 min	**탑노트 밴딩** (Topknot Banding)
	20 min	**탑노트 셋업** (Topknot Set-up)
	5 min	**탑노트 라운딩** (Topknot Rounding)
	30 min	**탑노트 종료**
재벌	28 min	**좌반신 면처리** (Trimming the Left Side with Scissors)
	28 min	**우반신 면처리** (Trimming the Right Side with Scissors)
	3 min	**폼폰** (Pompon)
	1 min	**이어 프린지** (Ear Fringes)
	60 min	**재벌 종료**
완성		**120 min TOTAL**

08 ◇ PUPPY CLIP

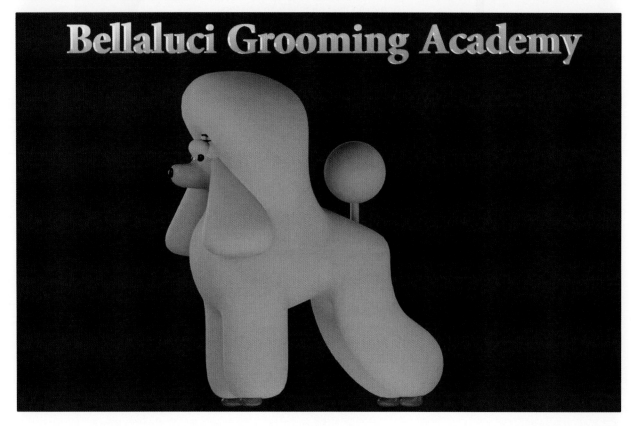

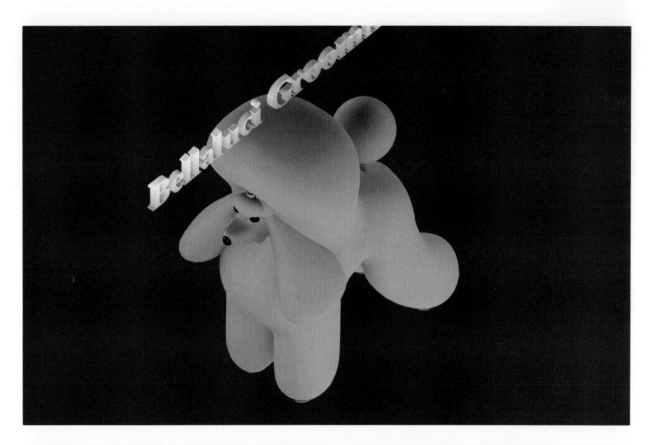

PUPPY CLIP

퍼피 클립은 AKC(American Kennel Club)에서 인정하는 3개의 쇼 클립 (잉글리쉬 새들/컨티넨탈/퍼피 클립) 중의 하나로서 단정한 인상을 주고, 라인이 매끄럽게 연결되어야 한다.

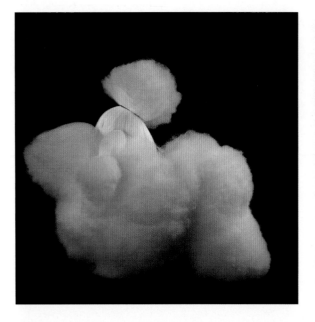

00

위그를 견체에 세팅하고, 탑노트를 핀브러쉬로 꼼꼼하게 브러싱한다. 탑노트(셋업 부위)를 한 개로 밴딩해야 하고, 밴딩할 때 눈, 코, 이미지너리라인을 노출하지 않고 가려지게 밴딩한다. 귀 털을 머리 위로 밴딩하지 않는다.

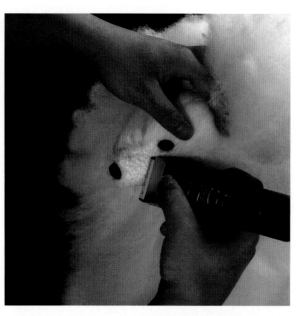

01

얼굴 넥 클리핑은 먼저 시야 확보를 위하여 머즐 앞쪽의 둘레를 클리핑한다.

02

귀뿌리 아래쪽을 클리핑한 후 이미지너리라인을 직선으로 클리핑한다.

> **Tip** 눈 사이의 인덴테이션(Indentation)을 역V자 (Inverted V)로 클리핑하여 개의 표정을 강화하고 머즐을 길어 보이게 할 수 있다. 적절한 비율을 위하여 역V자의 꼭지점은 눈 윗선 아래에 맞춘다.

4cm

03

넥라인은 좌우대칭으로 턱 아래 약 4cm(Adam's Apple)까지 알파벳 V자 형태로 클리핑한다.

04 _____

풋라인은 털을 아래방향으로 코밍하고, 먼저 좌측 뒷발부터 작업하여 동선을 반시계방향으로 한다. 좌측 뒷발→우측 뒷발→우측 앞발→좌측 앞발 순으로 커트하고, 네 발등의 높이가 균등하게 보이도록 커트한다.

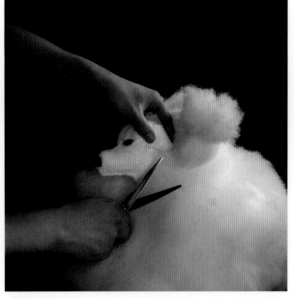

05 _____

넥라인 블렌딩은 먼저 넥라인 주변부의 불필요한 털을 제거하고, 가윗등을 넥라인에 붙이고 앞가슴과 탑노트의 볼륨을 고려하여 피부면과 수직으로 블렌딩한다.

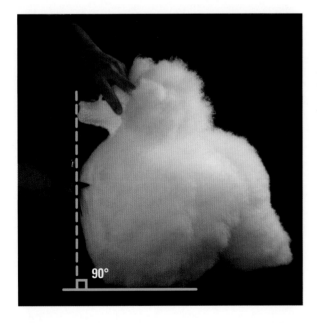

06 _____

체장(몸 길이, 흉골단↔좌골단)은 먼저 체장 앞면을 커트하고 체장 뒷면을 커트한다. 체장 앞면은 코 끝을 기준하여 앞가슴을 수직으로 커트한다.

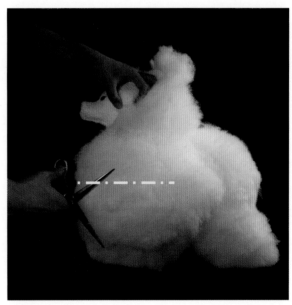

07 _____

작업의 효율성을 위해 좌·우 외측면의 불필요한 털을 흉골단(Point of Shoulder) 아래로 약 7cm를 남기고 수직으로 커트한다.

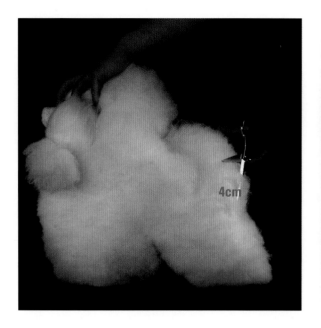

08 _____

체장 뒷면을 커트할 때 대퇴를 약 4cm를 남겨서 수직으로 커트하고, 견체의 가랑이 아래방향 1~2cm 지점까지만 커트한다.

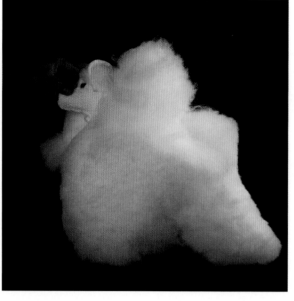

09 _____

체장 결정을 완료한다.

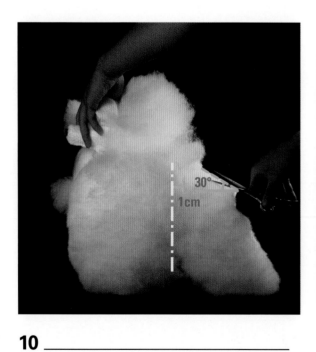

10 _____

체고(몸 높이)는 백라인을 좌골단에서 지면과 약 30°각을 주고 라스트립(Last Rib) 뒤 약 1cm까지 사선으로 커트한다.

> **Tip** 탑노트 뒷면과 백라인을 곡선으로 연결하기 위하여 약 1cm의 여유를 두고 커트한다.

11 _____

작업의 효율성을 위해 백라인 위를 덮는 불필요한 털을 커트한다.

12 _____

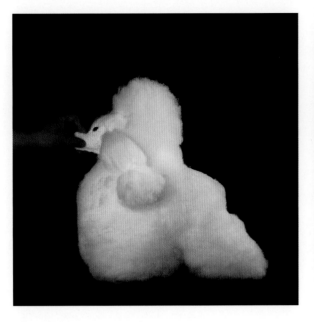

체장과 체고 결정을 완료한다.

13 _____

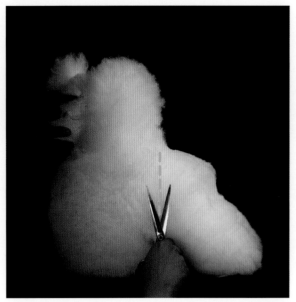

파팅라인(구분선)은 견체를 전반신(전구)과 후반신(후구)으로 구분한다. 턱업 기준의 수직선에 따라서 털을 2~3cm를 남기고 움푹하게 직선으로 커트한다.

14 _____

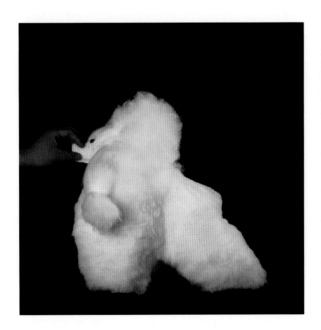

파팅라인 작업을 좌우대칭으로 완료한다.

15 _____

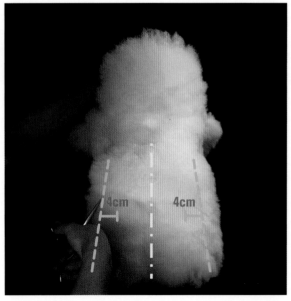

뒷다리 외측면(A-Line)은 꼬리 구멍 기준의 중심선에 따라서 좌우대칭으로 작업하고, 외곽선을 부드러운 알파벳 A자 형태로 약 4cm를 남기고 커트한다.

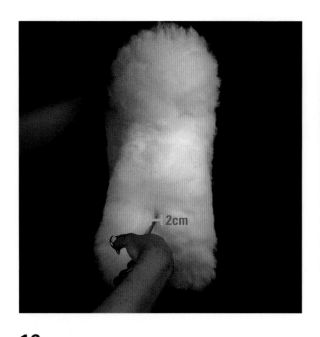

16 _____

뒷다리 내측면은 먼저 가랑이 아래방향 1~2cm 위치의 시작점을 수평으로 커트하고, 시작점부터 뒷다리 간격은 약 2cm를 유지하며, 11자 형태로 수직으로 커트한다.

17 _____

뒷다리 외측면과 내측면 작업을 완료한다.

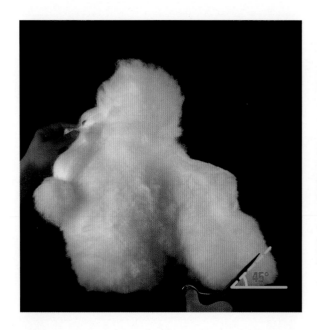

18 _____

호크는 지면과 45°각을 주어 좌우대칭으로 직선으로 커트한다.

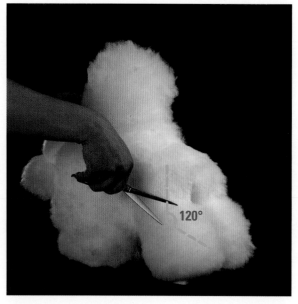

19 _____

앵귤레이션은 대퇴와 하퇴가 120°각을 이루고, 길이 비율이 1:1이 되도록 좌우대칭으로 커트한다.

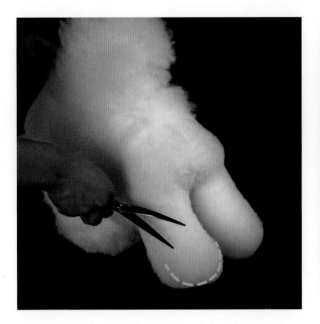

20 _____

후반신 뒷다리 라운딩은 앵귤레이션, 호크, 풋라인을 곡선
으로 연결하면서 라운딩한다.

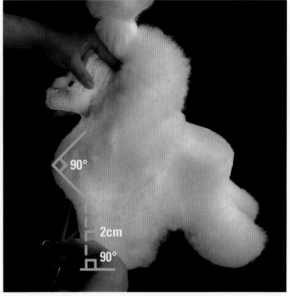

21 _____

견갑 상완 전완은 견갑→상완→전완 순으로 좌우대칭으
로 커트하고, 견갑과 상완은 서로 90°각을 이루고, 전완
은 발끝 앞 약 2cm를 기준하여 수직으로 커트한다.

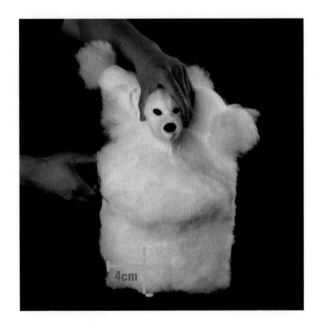

22 _____

앞다리 외측면은 코 기준의 중심선에 따라서 좌우대칭으
로 작업하고, 흉골단 위의 털은 뒤로 넘겨두고, 흉골단 아
래의 털은 약 4cm를 남기고 수직으로 커트한다.

> **Tip** 정면에서 볼 때 흉골단 위의 좌우 외측면 털은 갈기
> (Mane)가 되고, 갈기를 커트하면 탑노트와 연결이
> 어려워진다.

23 _____

앞다리 내측면은 먼저 가랑이 아래방향 1~2cm 위치의
시작점을 수평으로 커트하고, 시작점부터 앞다리 간격은
약 1cm를 유지하며, 11자 형태로 수직으로 커트한다.

24 _____

전반신 앞다리 라운딩은 먼저 앞가슴을 흉골단 중심으로
반구의 형태로 라운딩하고, 앞가슴과 갈기를 곡선으로 연
결한다.

25 _____

앞다리는 원통형태로 라운딩하고, 전완과 풋라인을 곡선
으로 연결한다.

26 _____

좌측면 턱업 언더라인은 먼저 턱업 아래 약 2cm 위치의
시작점을 수평으로 커트한다.

27 _____

언더라인은 턱업 아래 약 2cm 시작점부터 엘보우까지 사
선으로 커트하고, 앞다리 뒷면은 약 4cm를 남기고 엘보
우에서 아래방향으로 수직으로 커트하고 라운딩한다.

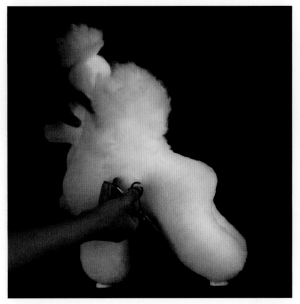

28 _____

뒷다리 앞쪽은 먼저 턱업 아래를 수직으로 커트하고, 스타이플 위치에서 발끝을 향하여 사선으로 커트하고 라운딩한다.

29 _____

좌·우 측면에 턱업 언더라인 작업을 좌우대칭으로 완료한다.

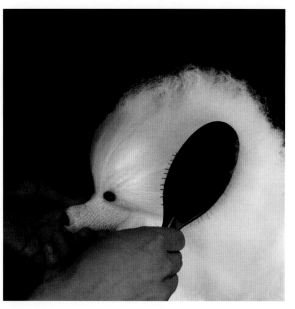

30 _____

탑노트 밴딩은 먼저 탑노트를 고정했던 밴드를 밴딩가위로 제거한다.

31 _____

탑노트를 핀브러쉬로 브러싱하여 털을 가지런히 정리한다.

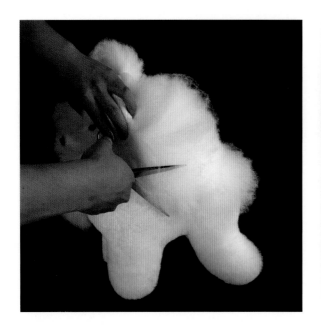

32 _____

탑노트 좌·우 측면의 불필요한 털은 흉골단을 기준하여 제거한다.

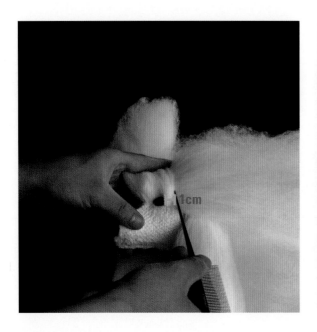

33 _____

탑노트 후면의 불필요한 털은 파팅라인을 기준하여 제거한다.

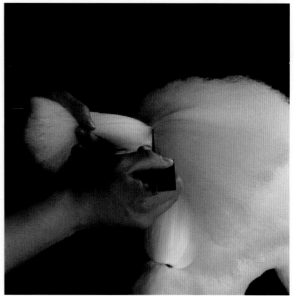

34 _____

첫 번째 섹션(Section)은 꼬리빗을 사용하여 좌·우 눈꼬리(Outer Corners of Eyes) 뒤 약 1cm 지점에서 머리 위로 반원을 그리며 나눈다.

35 _____

첫 번째 섹션을 한 손으로 잡고, 파팅라인이 명확하게 보이도록 섹션을 나눈다.

36 _____

첫 번째 섹션을 한 손으로 잡고, 고무줄로 단단히 밴딩한다.

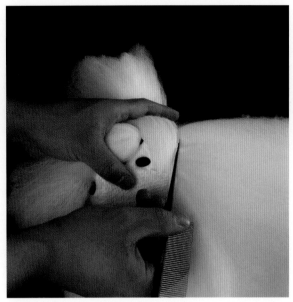

37 _____

두 번째 섹션은 꼬리빗을 사용하여 좌·우 귀뿌리 앞에서 머리 위로 반원을 그리며 나눈다.

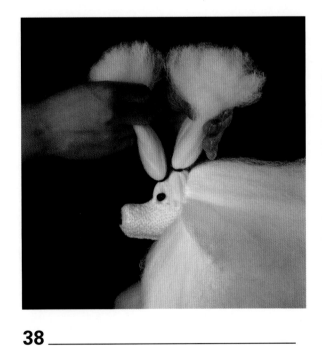

38 _____

두 번째 섹션을 한 손으로 잡고, 고무줄로 단단히 밴딩한다.

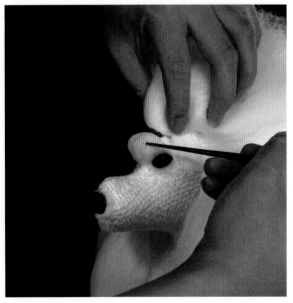

39 _____

스웰(Swell)은 먼저 첫 번째 섹션의 고무줄을 콤 끝을 사용하여 뒤로 당겨 불룩하게 만들고, 꼬리빗이나 엄지와 집게손가락을 사용하여 스웰 모양을 보완하고 고정한다.

> **Tip** 스웰은 버블(Bubble)이라고도 부르고, 눈 위에 위치하고 탑노트 표현을 향상시킨다.

40 _____

스웰 작업을 완료한다.

41 _____

첫 번째 섹션과 두 번째 섹션 일부(1/3)를 하나로 단단히 밴딩한다.

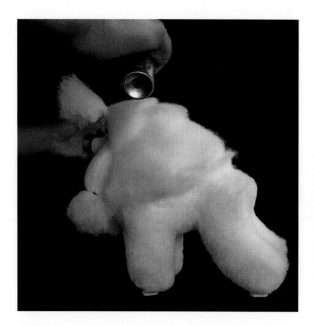

42 _____

탑노트 셋업은 먼저 한 겹(Layer)을 앞으로 코밍하여 코밍한 후면에 스프레잉(Spraying)한다. 탑노트 앞면에도 헤어스프레이를 가볍게 분사하여 고정한다.

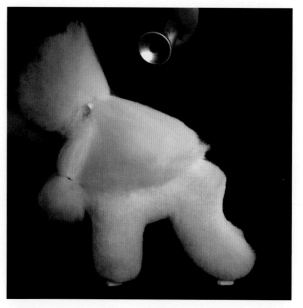

43 _____

탑노트를 옥시풋까지 부채꼴(180°) 형태로 안에서 밖으로 펼치면서 코밍하고, 겹겹이(Layer by Layer) 코밍과 스프레잉하여 탑노트를 붙인다.

> **Tip** 탑노트는 옥시풋까지 부채꼴로 붙이고, 옥시풋부터 등 위까지는 수직으로 모아서 붙인다. 탑노트를 붙이는 과정에서 점차적으로 부채꼴 각이 작아진다.

44

탑노트 좌·우 측면과 후면의 털을 모아서 붙이고, 털 끝을 코밍하여 정리한다. 탑노트 앞면도 가볍게 브러싱 또는 코밍하여 정리한다.

45

탑노트 라운딩은 먼저 탑노트 윗면(높이)를 스톱 기준으로 스톱-흉골단 길이와 같은 길이로 라운딩하고, 탑노트 좌우 측면(갈기)을 라운딩한다.

46

탑노트 좌·우 측면은 자켓(몸통)과 곡선으로 연결하고, 탑노트 후면은 백라인과 연결하고 라운딩한다.

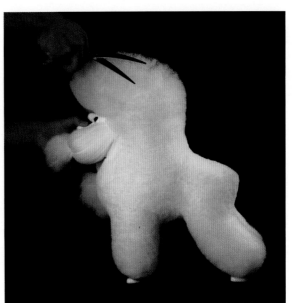

47

좌반신 면처리는 먼저 반시계방향으로 탑노트부터 면처리하고, 탑노트와 몸통을 곡선으로 연결하면서 면처리한다.

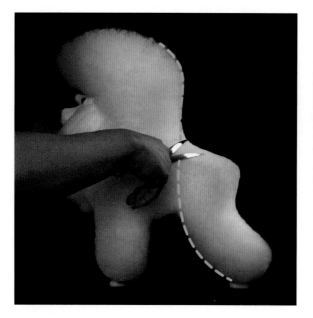

48 _____

측면에서 볼 때 탑노트 후면과 뒷다리 앞(스타이플) 라인
이 연결되도록 면처리한다.

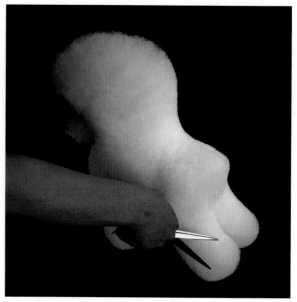

49 _____

후면에서 볼 때 꼬리 구멍 기준의 중심선에 따라서 좌우대
칭으로 작업하고, 외곽선을 부드러운 알파벳 A자 형태로
면처리하고, 좌골-앵귤레이션-풋라인을 연결하면서 면
처리한다.

50 _____

폼폰은 커브가위를 사용하여 지름 약 8cm의 구 형태로
라운딩한다.

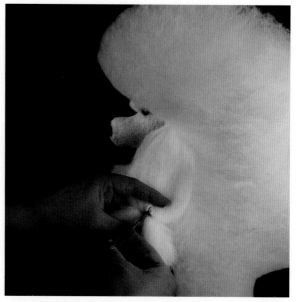

51 _____

이어 프린지는 먼저 밴딩가위를 사용하여 밴드를 완전히
제거한다.

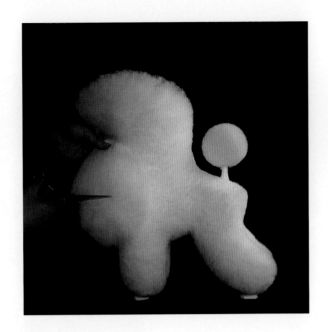

52 _____

이어 프린지는 흉골단 위치에서 좌우대칭으로 커트한다.

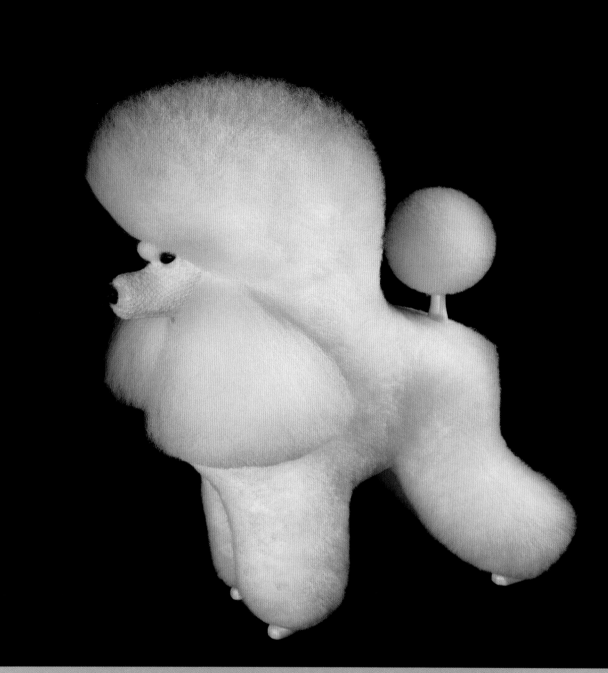

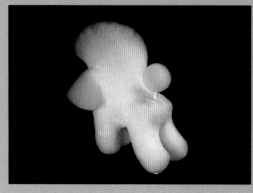 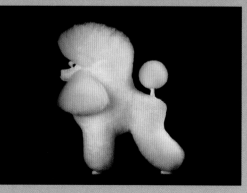

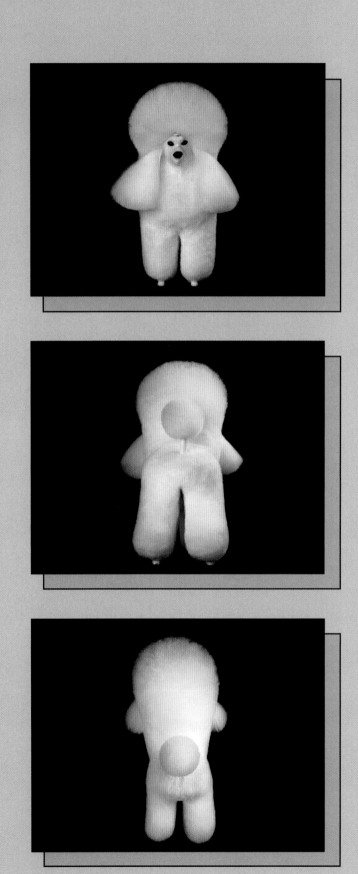

08 ◇ PUPPY CLIP

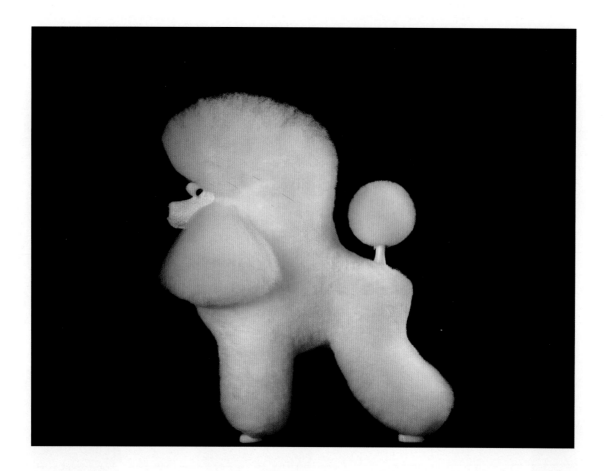

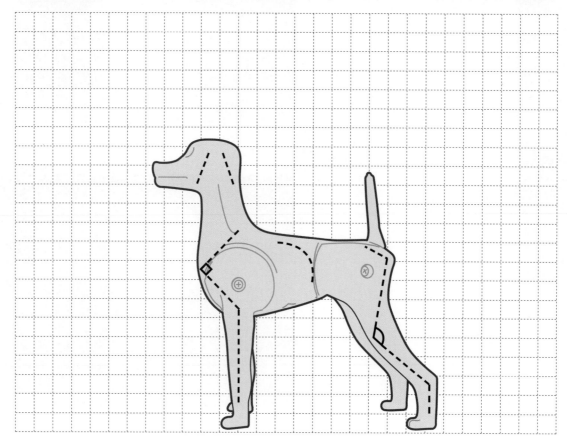

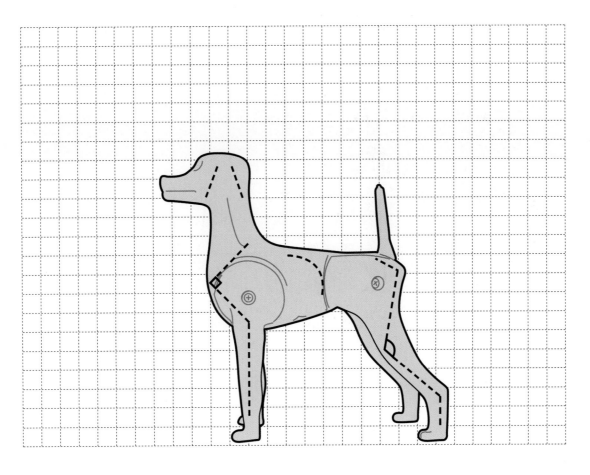

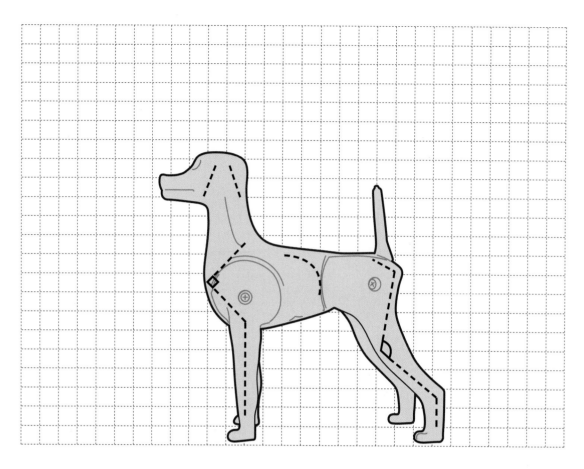

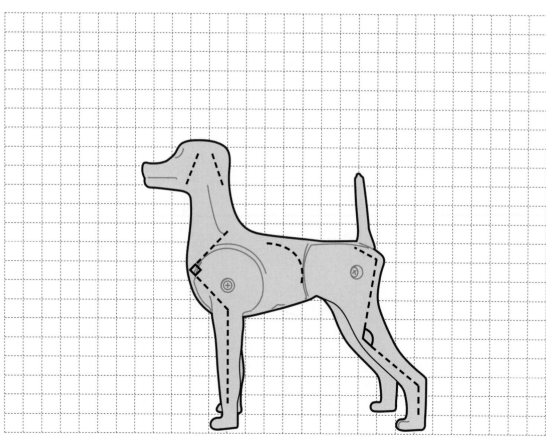

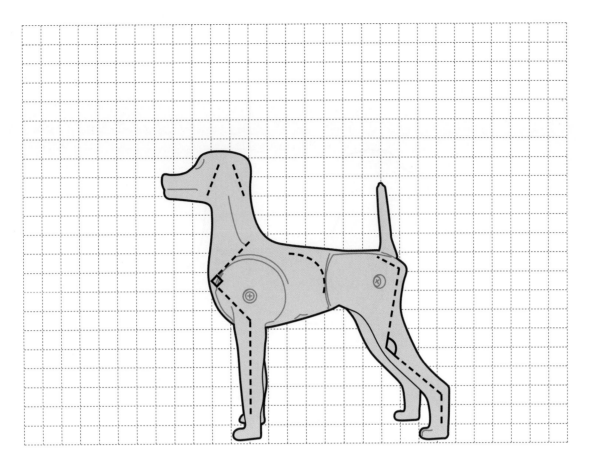

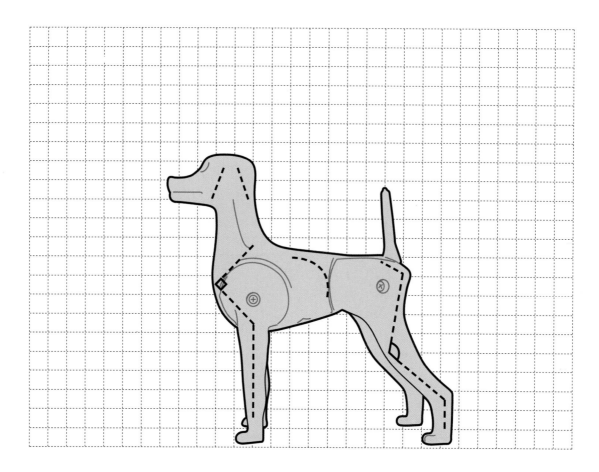

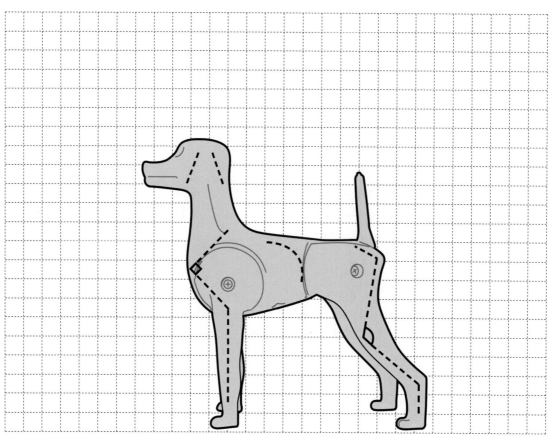

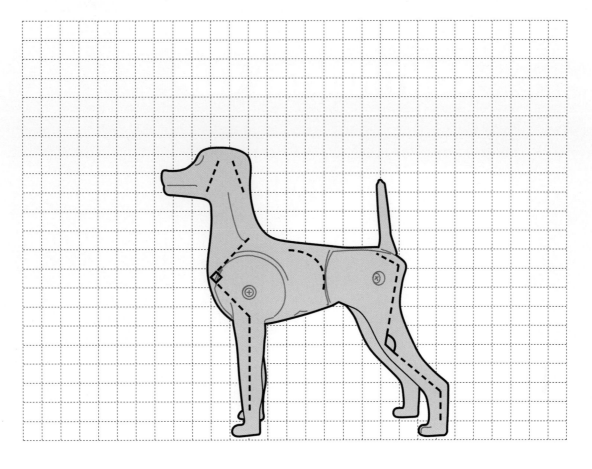

09 컨티넨탈 클립
CONTINENTAL CLIP

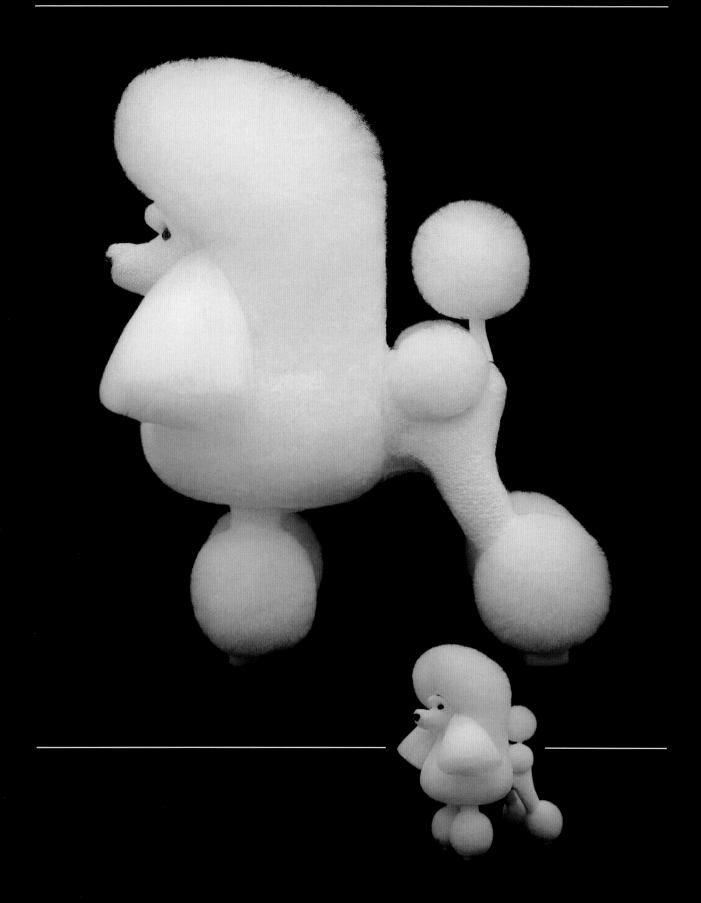

컨티넨탈 클립

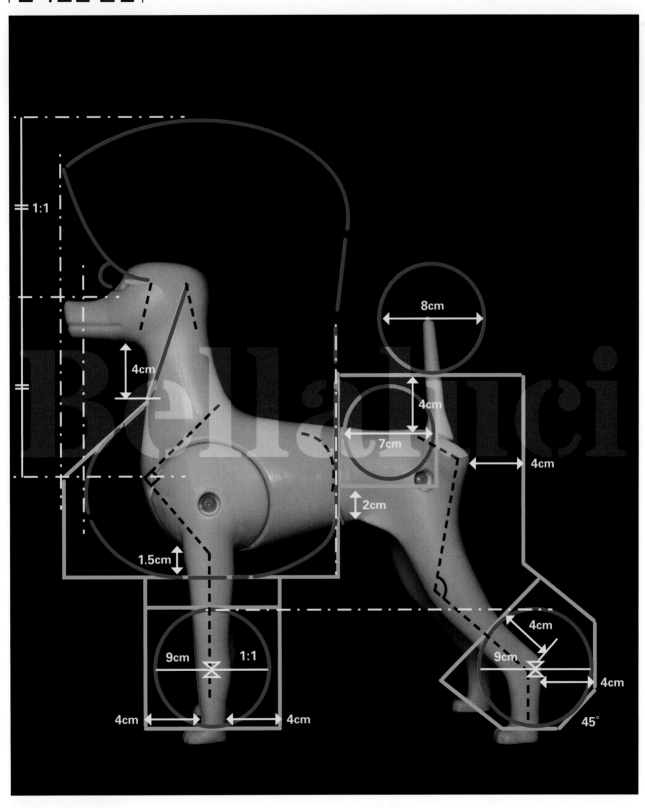

초벌라인

패턴 재벌라인

기준라인

치수라인

PROCESS |작업순서

초벌 ○

| 4 min | **얼굴 넥 클리핑** -------------------------------- |
| | (Face & Neck Clipping) |

| 4 min | **풋라인** |
| | (Foot Line) |

| 1 min | **넥라인 블렌딩** |
| | (V-line, Neckline Blending) |

| 2 min | **체장** |
| | (Body Length) |

| 2 min | **체고 백라인** |
| | (Body Height, Backline) |

| 5 min | **뒷다리 클리핑** ------------------------ |
| | (Hind Legs Clipping) |

| 4 min | **로젯 아웃라인(틀 작업)** |
| | (Rosettes Outline) |

| 4 min | **자켓 아웃라인(틀 작업)** |
| | (Jacket Outline) |

| 5 min | **앞다리 클리핑** -------------------- |
| | (Front Legs Clipping) |

| 4 min | **브레이슬릿 아웃라인(틀 작업)** |
| | (Bracelets Outline) |

| 10 min | **자켓 로젯 라운딩** |
| | (Jacket & Rosettes Rounding) |

| 5 min | **브레이슬릿 라운딩** ---------------- |
| | (Bracelets Rounding) |

| 50 min | **초벌 종료** |

탑노트

5 min	**탑노트 밴딩**
	(Topknot Banding)

20 min	**탑노트 셋업**
	(Topknot Set-up)

5 min	**탑노트 라운딩**
	(Topknot Rounding)

| 30 min | **탑노트 종료** |

재벌

36 min	**면처리**
	(Trimming the Whole Body with Scissors)

3 min	**폼폰**
	(Pompon)

1 min	**이어 프린지**
	(Ear Fringes)

| 40 min | **재벌 종료** |

완성

120 min TOTAL

반려견스타일리스트 실기

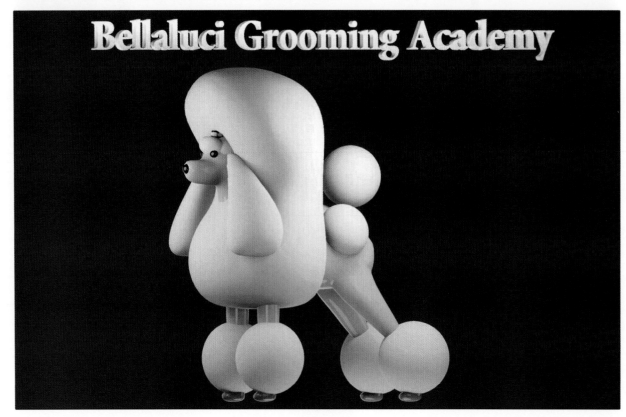

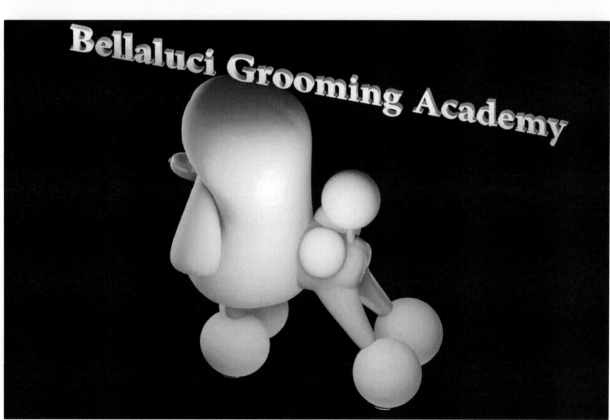

CONTINENTAL CLIP

컨티넨탈 클립은 푸들 클립 중 가장 오래된 클립으로 기록(1621년)되어 있고, 후반신(Hindquarters)을 클리핑하는 특징이 있다. 패턴은 엉덩이뼈(Hipbone) 위에 로젯(Rosettes)을 두고, 네 다리에 브레이슬릿(Bracelets)을 만든다.

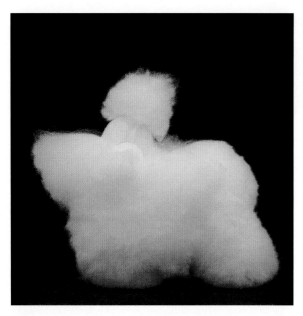

00

위그를 견체에 세팅하고, 탑노트는 핀브러쉬로 꼼꼼하게 브러싱한다. 탑노트(셋업 부위)는 한 개로 밴딩해야 하고, 눈, 코, 이미지너리라인이 노출되지 않도록 밴딩한다. 귀 털을 머리 위로 함께 밴딩하지 않는다.

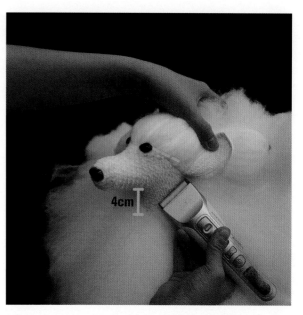

01

얼굴 넥 클리핑은 양쪽 눈 사이의 인덴테이션을 역V자로 클리핑하고, 이미지너리라인을 직선으로 클리핑한다. 넥라인은 턱 아래 약 4cm 지점까지 알파벳 V자로 클리핑한다.

> **Tip** 얼굴 넥 클리핑 후에 탑노트 부위의 털을 밴딩한다.

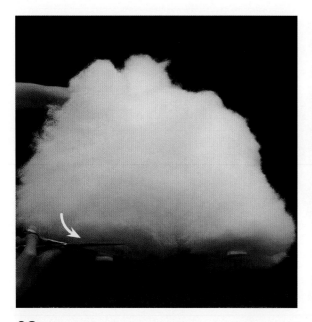

02

풋라인은 먼저 좌측 뒷발부터 동선을 반시계방향으로 커트한다. 네 개의 발등 높이가 균등하게 보이도록 커트한다.

> **Tip** 풋라인은 작업속도를 위하여 다리 외측면의 과도한 털을 제거하면서 가위를 발등 방향으로 감아서 커트한다. 호크도 함께 작업 가능하다.

03

넥라인 블렌딩은 먼저 넥라인 주변부의 과도한 털을 커트한다.

> **CAUTION** 귀뿌리 뒤쪽의 털을 커트하지 않도록 주의한다.

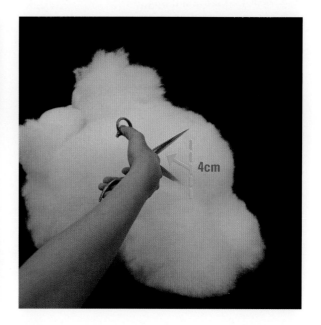

04

체장은 먼저 앞가슴(흉골단)을 코 끝을 기준하여 수직으로 커트한다.

05

체장의 엉덩이(좌골단)는 약 4cm 길이를 남겨서 수직으로 커트하고, 뒷다리 가랑이 아래 손가락 한마디(1~2cm) 지점까지만 커트한다.

> (Tip) 컨티넨탈 클립의 형태를 이해한다면 엉덩이 커트를 생략하고, 뒷다리를 바로 클리핑할 수 있다.

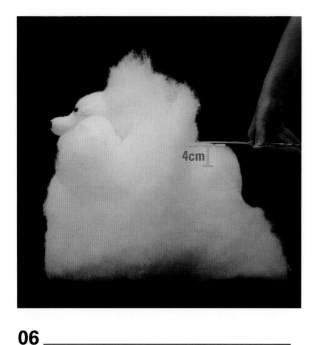

06

체고는 백라인을 약 4cm 길이를 남겨서 라스트립까지 수평으로 커트한다.

07

체장 체고 작업을 완료한다.

08 _____

뒷다리 클리핑은 먼저 호크 위 4cm 지점보다 조금 위쪽에서 45°로 커트하여 클리핑 시작점을 만든다.

> **Tip** 클리핑 시작점을 리어 브레이슬릿 높이보다 조금 높게 설정하면 클리핑 실수를 줄일 수 있다.

09 _____

뒷다리를 클리핑할 때 로젯(Rosettes) 부위 털을 남기면서 좌우 뒷다리의 외측면과 내측면을 모두 클리핑한다.

10 _____

로젯 뒤쪽의 엉덩이를 클리핑할 때 로젯 부위의 털을 앞으로 잡고, 수직으로 클리핑한다.

> **Tip** 로젯의 의미는 장미 모양의 장식물이고, 주로 리본 형태로 제작되어 경쟁대회 우승자에게 상으로 주어진다.

11 _____

로젯 아랫쪽의 턱업을 클리핑할 때 로젯 부위의 털을 위로 잡고, 라스트립까지 수평으로 클리핑한다.

12 _____

로젯 아웃라인은 먼저 로젯 뒷면의 과도한 털을 수직으로
커트한다.

 로젯은 지름 약 7cm의 돔(Dome) 형태이다.

13 _____

로젯 아웃라인을 정사각형 형태로 커트하고, 로젯 윗면은
약 4cm 길이를 남겨서 커트한다.

14 _____

견체의 후면에 서서 로젯의 볼륨을 상상하면서 좌우대칭
으로 커트한다.

15 _____

좌우 로젯의 간격은 꼬리 구멍을 기준하는 중심선에 따라서
약 1.5cm의 폭으로 라스트립까지 직선으로 클리핑한다.

Tip 좌우 로젯의 간격은 꼬리뿌리 두께 만큼 클리핑할 수
있다.

16 _____

자켓 아웃라인은 먼저 견체의 정면에 서서 자켓의 외측면을 약 7cm 길이를 남겨서 수직으로 커트한다.

17 _____

자켓의 언더라인은 흉심을 체크하고, 흉심 아래 약 1.5cm 길이를 남겨서 수평으로 커트한다.

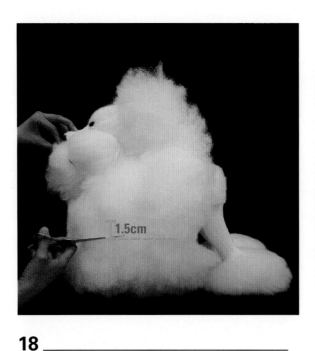

18 _____

자켓의 언더라인은 라스트립까지 수평으로 커트한다.

19 _____

자켓의 파팅라인(허리구분선)은 라스트립을 기준하여 수직으로 커트한다.

반려견스타일리스트 실기

20 _____

자켓의 파팅라인을 약 0.5cm 폭으로 수직으로 클리핑한다. 자켓과 로젯을 명확히 분리한다.

21 _____

자켓 아웃라인 작업을 완료한다.

22 _____

앞다리 클리핑은 먼저 프론트 브레이슬릿 윗면을 리어 브레이슬릿 높이에 맞추어 수평으로 커트한다.

23 _____

앞다리를 앞뒤 브레이슬릿의 높이를 맞추면서 클리핑한다.

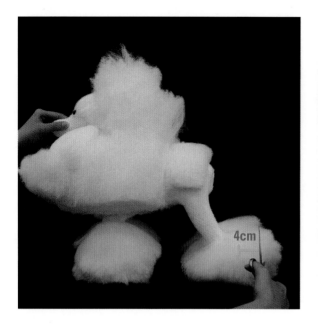

24 _____

브레이슬릿 아웃라인은 먼저 리어 브레이슬릿의 후면을
약 4cm 길이를 남겨서 커트한다.

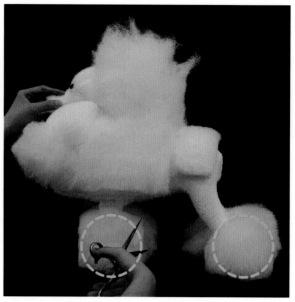

25 _____

앞뒤 브레이슬릿의 높이와 크기를 맞추면서 테두리를 커
트한다.

26 _____

브레이슬릿 아웃라인 작업을 완료한다.

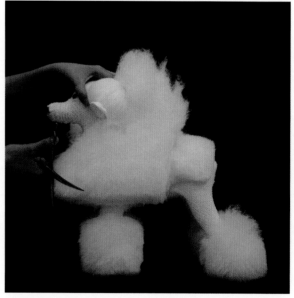

27 _____

자켓 로젯 라운딩은 먼저 자켓의 앞가슴을 볼륨 있게 라운
딩한다.

28 _____

자켓의 아랫면과 뒷면을 라운딩한다. 클리핑 라인이 명확하게 보이도록 작업한다.

> **CAUTION** 자켓 언더라인은 깊게 코밍하여 라운딩해야 평가받을 때 털이 나오지 않는다.

29 _____

로젯을 반구(돔) 형태로 라운딩한다.

30 _____

로젯을 견체의 후면에 서서 좌우대칭으로 라운딩한다.

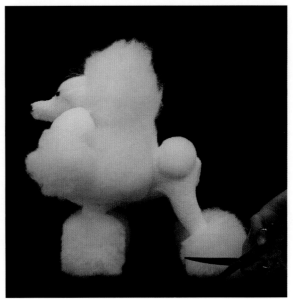

31 _____

브레이슬릿 라운딩은 먼저 리어 브레이슬릿을 라운딩한다.

32 _____

프론트 브레이슬릿을 리어 브레이슬릿의 높이에 맞추어
라운딩한다.

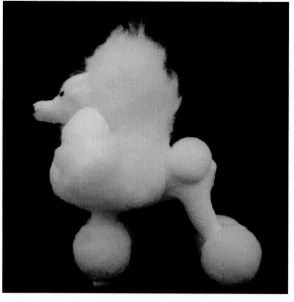

33 _____

자켓 로젯 브레이슬릿 라운딩 작업을 완료한다.

34 _____

탑노트 밴딩은 먼저 탑노트를 고정했던 밴드를 밴딩가위
로 제거한다.

35 _____

탑노트를 핀브러시를 이용하여 좌우대칭으로 브러싱한다.

36 _____

탑노트 좌우 측면의 과도한 털을 자켓 외측면을 기준하여
커트하고, 흉골단 아래로 처지는 털을 커트한다.

37 _____

탑노트 후면의 과도한 털을 파팅라인을 기준하여 커트한다.

38 _____

첫 번째 섹션은 꼬리빗을 이용하여 좌우 눈꼬리 뒤 약
1cm 지점에서 머리 위로 반원을 그리며 나눈다.

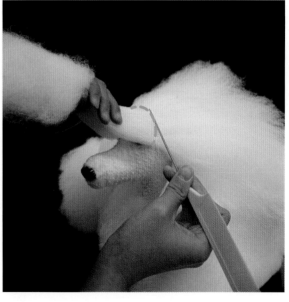

39 _____

첫 번째 섹션을 앞으로 잡고, 파팅라인이 좌우대칭으로 명
확하게 보이도록 나눈다.

40 _____

첫 번째 섹션을 고무줄로 타이트하게 밴딩한다. 고무줄의
장력에 따라 다르지만, 앞뒤로 4~5회 밴딩한다.

41 _____

두 번째 섹션은 꼬리빗을 이용하여 좌우 귀뿌리 앞에서 머
리 위로 반원을 그리며 나눈다.

42 _____

두 번째 섹션을 고무줄로 타이트하게 밴딩한다. 고무줄의
장력에 따라 다르지만, 앞뒤로 4~5회 밴딩한다.

43 _____

첫 번째와 두 번째 섹션의 밴딩 작업을 완료한다.

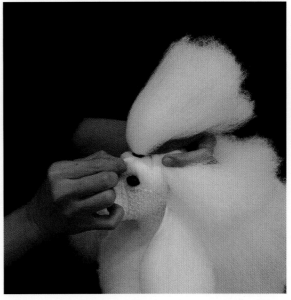

44 _____

스웰 작업은 콤 끝을 이용하여 첫 번째 섹션의 고무줄을 뒤로 당겨서 눈 위쪽을 볼록하게 만든다.

45 _____

엄지와 집게손가락으로 털을 잡아당겨서 스웰의 볼륨을 더 풍성하게 만든다.

> **Tip** 스웰은 버블(Bubble)이라고도 부르고, 눈 위에 위치하고 탑노트 표현을 향상시킨다.

46 _____

스웰 앞면을 꼬리빗을 이용하여 정리하고 보완한다.

47 _____

첫 번째 섹션을 묶은 고무줄 뒤쪽의 털을 좌우로 잡아당긴다. 고무줄이 내려앉으면서 머리 윗면에 타이트하게 붙도록 작업한다.

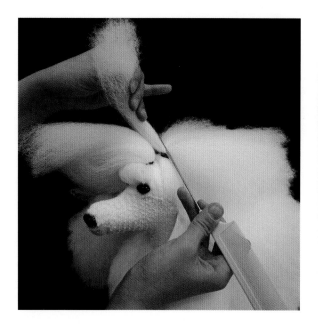

48 _____

두 번째 섹션을 꼬리빗을 이용하여 일부(1/3)를 나눈다.

49 _____

첫 번째 섹션과 두 번째 섹션의 일부(1/3)를 하나로 합쳐
서 밴딩한다.

50 _____

마지막 밴딩이 끝나면 고무줄에 묶인 중앙부의 털을 위로
잡아당기면서 기둥을 수직으로 세운다.

51 _____

탑노트 밴딩 작업을 완료한다.

52 _____

탑노트 셋업은 먼저 밴딩된 털의 한 겹(layer)을 부채꼴 형태로 코밍하여 세운다.

53 _____

탑노트 한 겹의 후면에 스프레잉(spraying)한다.

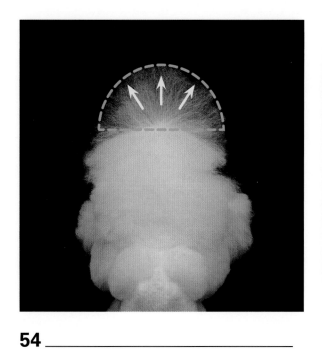

54 _____

탑노트 한 겹의 후면에 스프레잉 작업을 완료한다.

55 _____

탑노트 셋업 중에 정면의 스웰 모양이 망가지지 않도록 주의한다.

56 _____

반복적으로 한 겹씩 코밍과 스프레잉하면서 탑노트의 털을 겹겹이(layer by layer) 붙인다.

> (Tip) 탑노트는 옥시풋까지 부채꼴 형태로 넓게 붙이고, 옥시풋 뒤쪽부터 좁게 모아서 붙인다.

57 _____

탑노트 좌우 측면의 털을 코밍하고 스프레잉하여 붙인다.

58 _____

탑노트 라운딩은 먼저 탑노트 윗면을 라운딩한다.

59 _____

탑노트 좌우 측면을 라운딩한다.

60 _____

면처리는 먼저 탑노트부터 전체적인 아웃라인을 연결하면서 면처리한다.

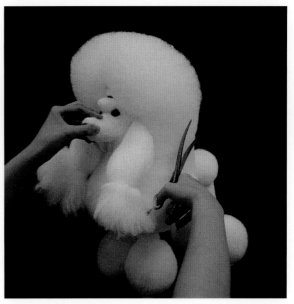

61 _____

탑노트의 좌우 측면을 면처리한다.

62 _____

탑노트의 후면을 면처리한다.

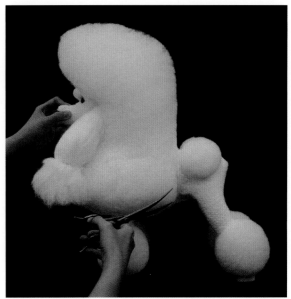

63 _____

자켓의 앞면과 측면을 면처리한다.

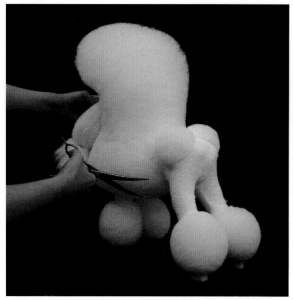

64 _____

자켓의 언더라인을 면처리한다.

65 _____

로젯을 면처리한다.

66 _____

폼폰은 커브가위를 이용하여 구의 형태로 라운딩한다.

67 _____

이어 프린지는 먼저 밴딩가위를 이용하여 밴드를 완전히 제거한다.

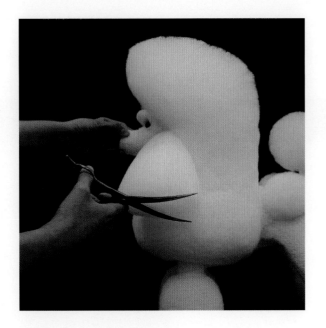

68 _____

이어 프린지를 흉골단 위치에서 좌우대칭으로 커트한다.

> **Tip** 귀 끝이 단정해야 완성도가 높아 보인다.

반려견스타일리스트 실기

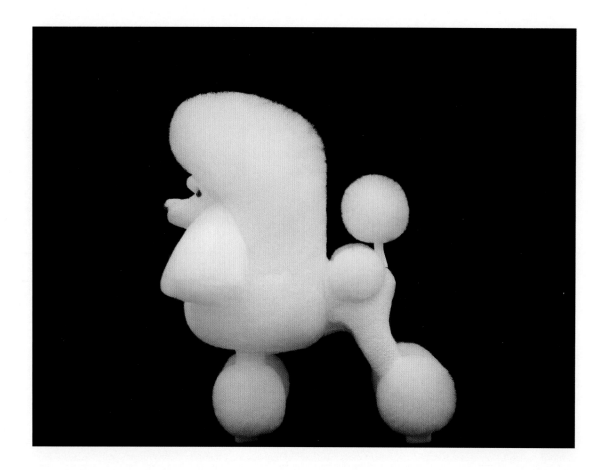

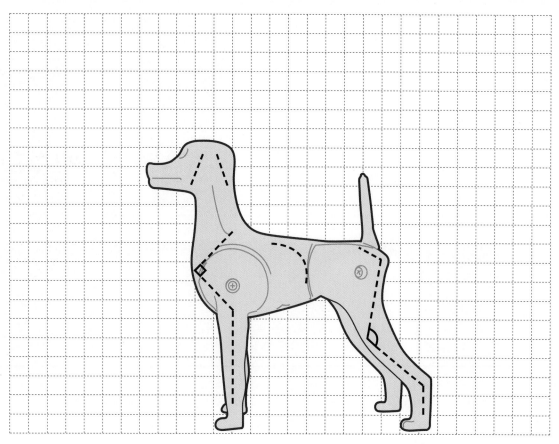

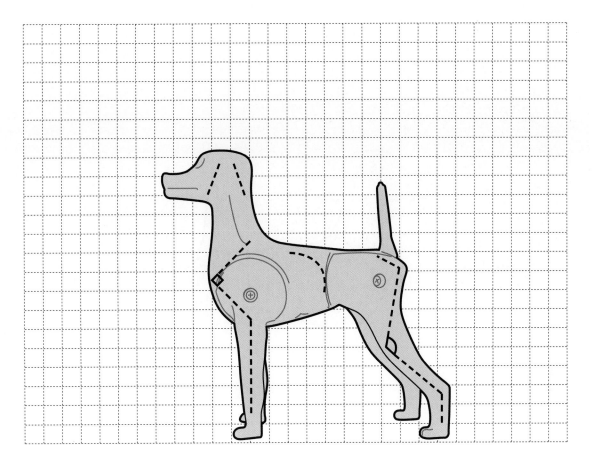

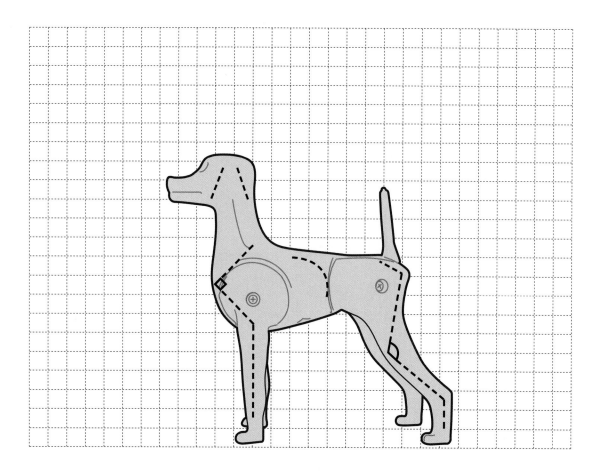

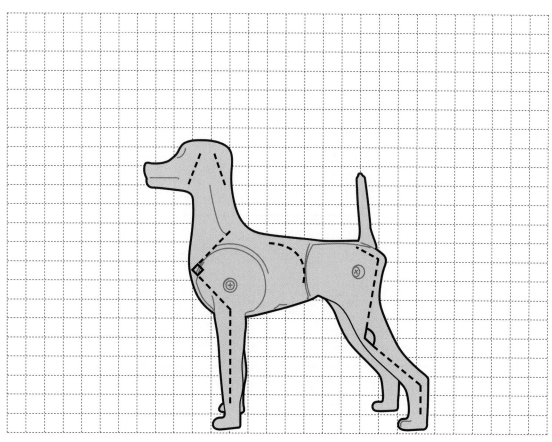

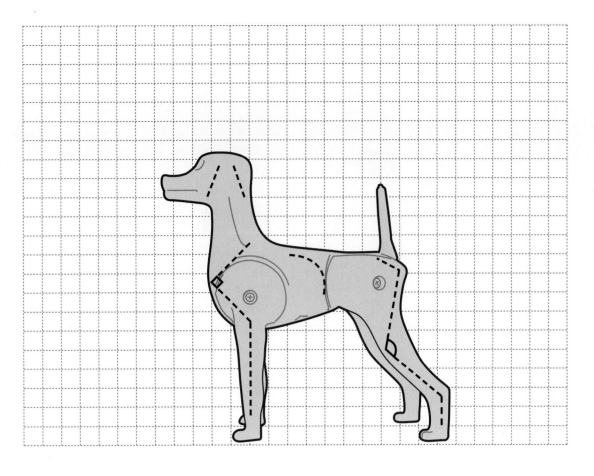

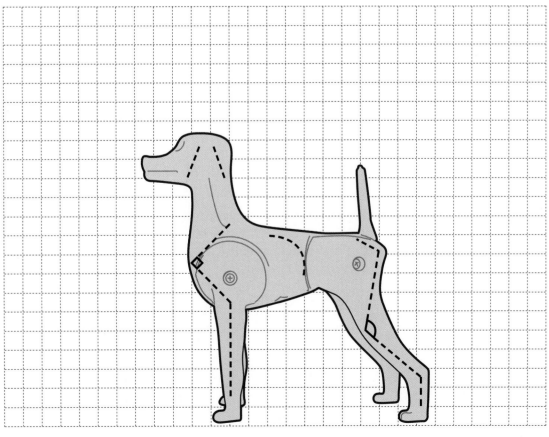

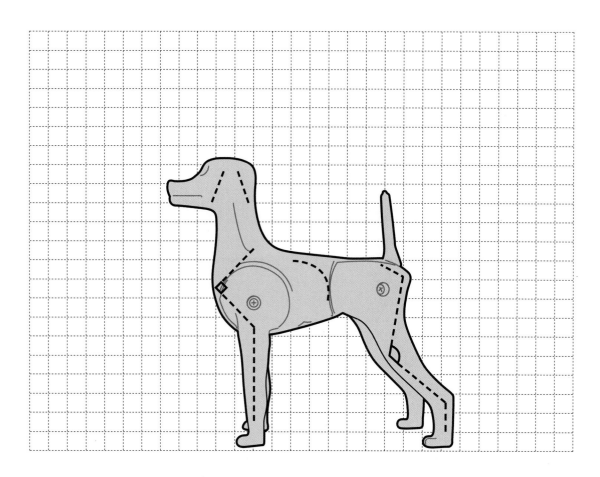

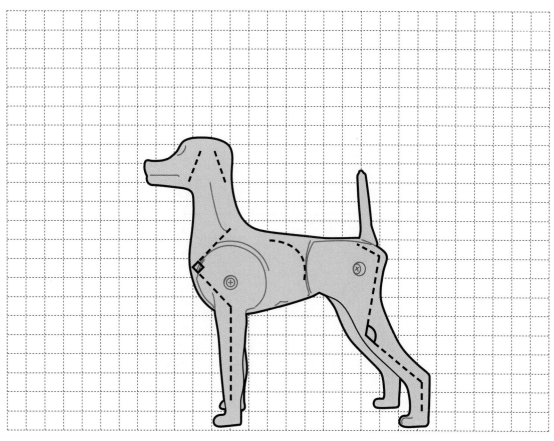

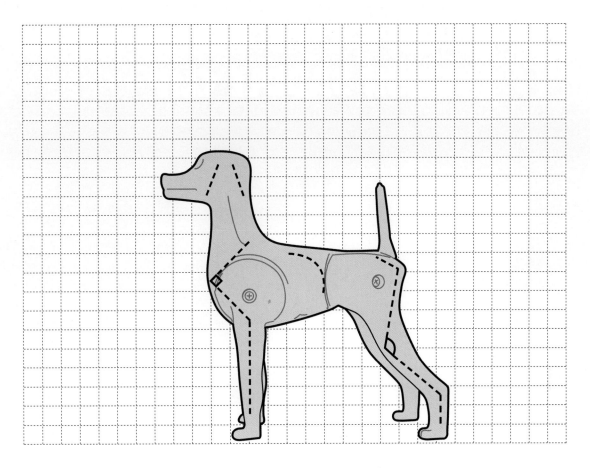

277

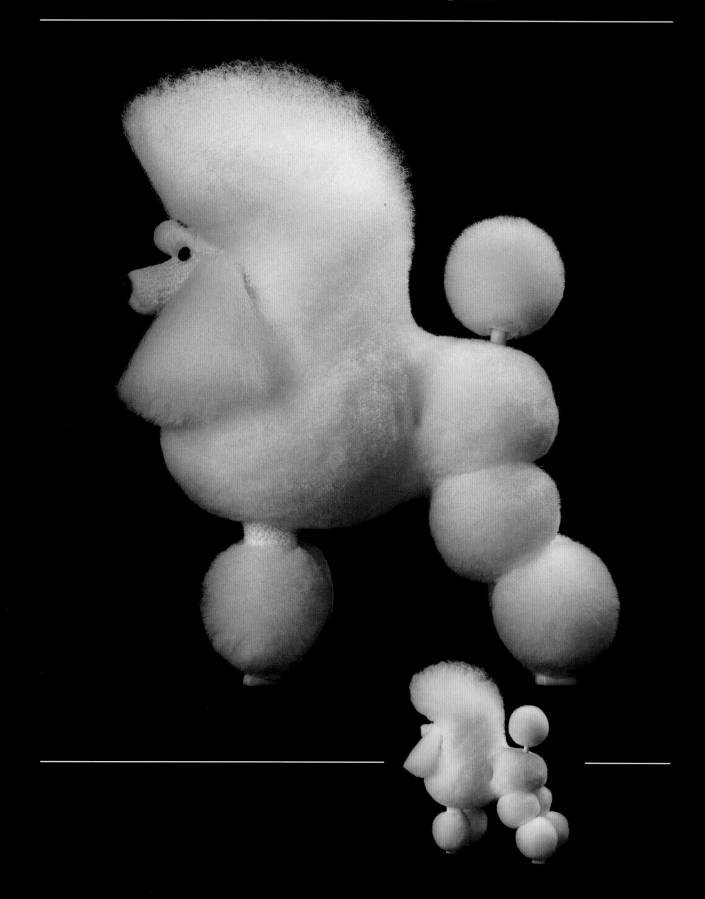

잉글리쉬 새들 클립

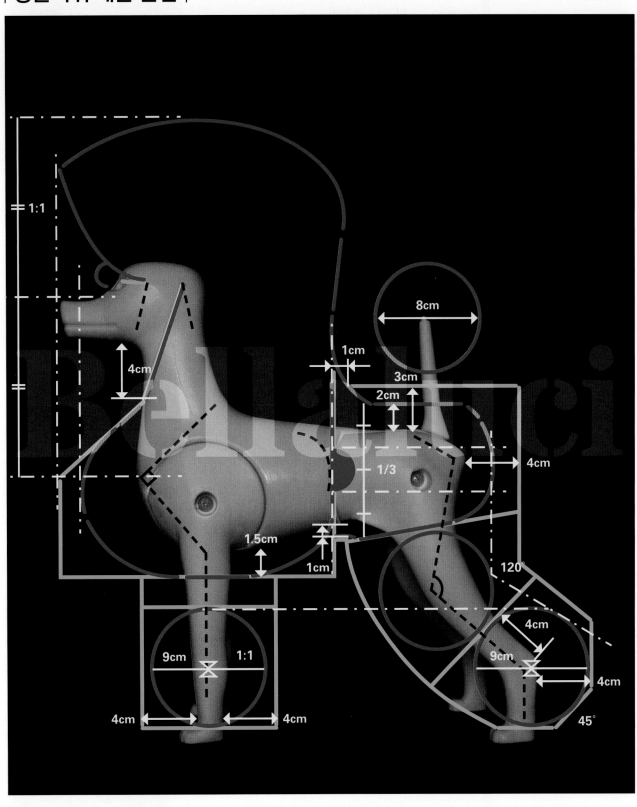

초벌라인
패턴 재벌라인
기준라인
치수라인

PROCESS |작업순서

4 min   얼굴 넥 클리핑
(Face & Neck Clipping)

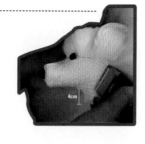

4 min   풋라인
(Foot Line)

1 min   넥라인 블렌딩
(V-line, Neckline Blending)

2 min   체장
(Body Length)

2 min   체고 백라인
(Body Height, Backline)

1 min   뒷다리 외측면
(A-line, Outer Line on the Rear)

2 min   뒷다리 내측면
(Span of Hind Legs)

2 min   호크 앵귤레이션
(Hocks, Angulation)

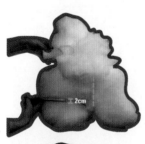

1 min   뒷다리 라운딩
(Hind Legs Rounding)

4 min   자켓 아웃라인(틀 작업)
(Jacket Outline)

8 min   새들 브레이슬릿 아웃라인(틀 작업)
(Saddle & Bracelets Outline)

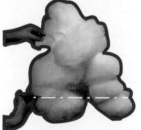

4 min   앞다리 클리핑
(Front Legs Clipping)

5 min   자켓 라운딩
(Jacket Rounding)

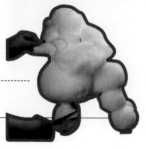

10 min   새들 브레이슬릿 라운딩
(Saddle & Bracelets Rounding)

50 min   초벌 종료

반려견스타일리스트 실기

탑노트

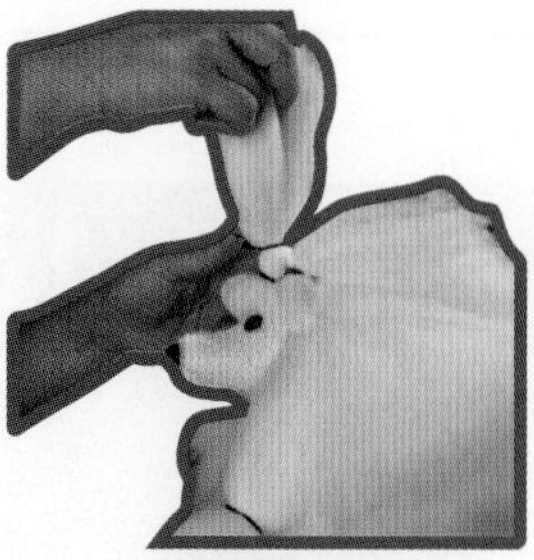

5 min 탑노트 밴딩
(Topknot Banding)

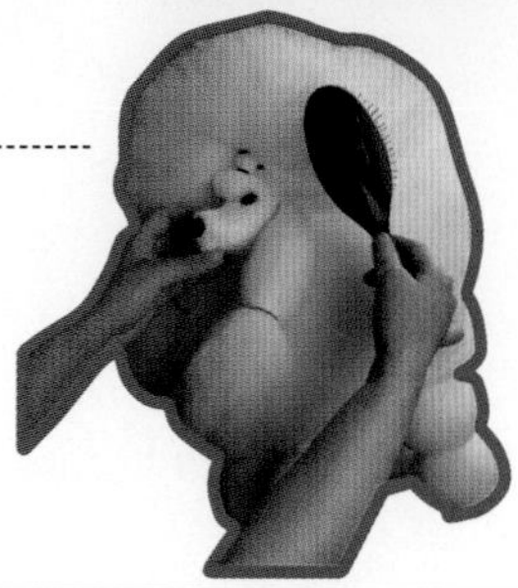

20 min 탑노트 셋업
(Topknot Set-up)

5 min 탑노트 라운딩
(Topknot Rounding)

30 min 탑노트 종료

재벌

32 min 면처리
(Trimming the Whole Body with Scissors)

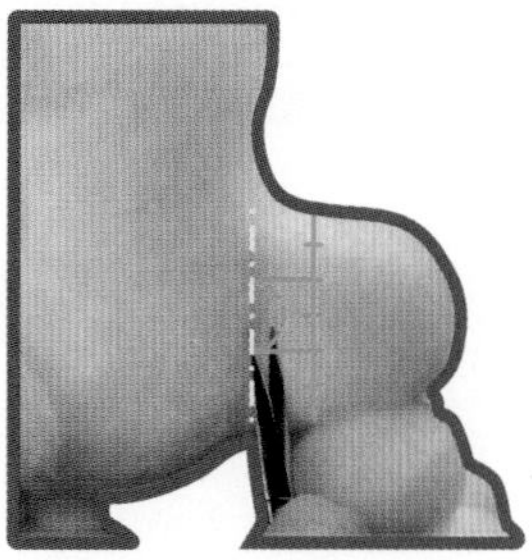

4 min 키드니패치
(Kidney Patch)

3 min 폼폰
(Pompon)

1 min 이어 프린지
(Ear Fringes)

40 min 재벌 종료

완성 **120 min TOTAL**

10 잉글리쉬 새들 클립
MODELLING | 3D 모델링동영상

반려견스타일리스트 실기

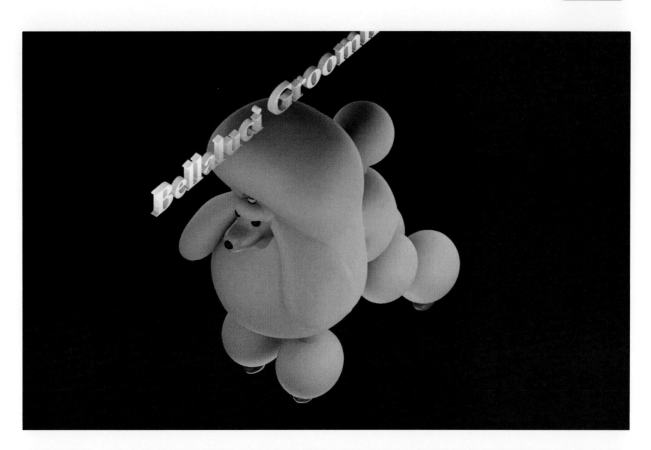

ENGLISH SADDLE CLIP

잉글리쉬 새들 클립은 쇼 클립 중에 실행이 가장 어려운 클립이고, 탁월한 시저링과 클리핑 기술이 요구된다. 후반신(Hindquarters)은 새들(Saddle), 어퍼 브레이슬릿(Upper Bracelet), 버텀 브레이슬릿(Bottom Bracelet)으로 구분되고, 뒷다리에 두 개의 밴드(Bands)를 넣는 특징이 있다.

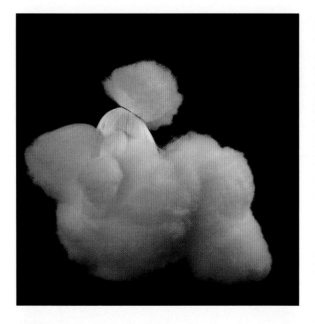

00

위그를 견체에 세팅하고, 탑노트를 핀브러쉬로 꼼꼼하게 브러싱한다. 탑노트(셋업 부위)를 한 개로 밴딩해야 하고, 밴딩할 때 눈, 코, 이미지너리라인을 노출하지 않고 가려지게 밴딩한다. 귀 털을 머리 위로 밴딩하지 않는다.

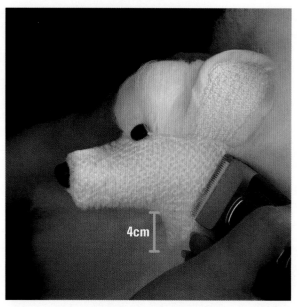

4cm

01

얼굴 넥 클리핑은 눈 사이의 인덴테이션을 역V자(Inverted V)로 클리핑하고, 이미지너리라인을 직선으로 클리핑한다. 넥라인은 좌우대칭으로 턱 아래 약 4cm(Adam's Apple)까지 알파벳 V자 형태로 클리핑한다.

02

풋라인은 털을 아래방향으로 코밍하고, 먼저 좌측 뒷발부터 작업하여 동선을 반시계방향으로 한다. 좌측 뒷발→우측 뒷발→우측 앞발→좌측 앞발 순으로 커트하고, 네 개의 발등 높이가 균등하게 보이도록 커트한다.

03

넥라인 블렌딩은 먼저 넥라인 주변부의 불필요한 털을 제거하고, 가윗등을 넥라인에 붙이고 앞가슴과 탑노트의 볼륨을 고려하여 피부면과 수직으로 블렌딩한다.

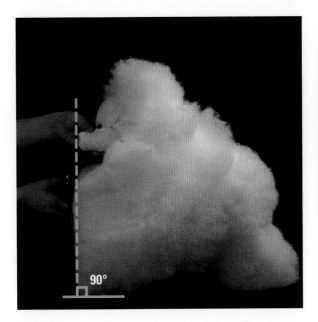

04 —————————————————————————

체장(몸 길이, 흉골단↔좌골단)은 먼저 체장 앞면을 커트하고 체장 뒷면을 커트한다. 체장 앞면은 코 끝을 기준하여 앞가슴을 수직으로 커트한다.

05 —————————————————————————

작업의 효율성을 위해 좌·우 외측면의 불필요한 털을 흉골단 아래로 수직으로 커트한다.

06 —————————————————————————

좌·우 외측면의 불필요한 털을 흉골단 아래로 7cm를 남기고 제거한다.

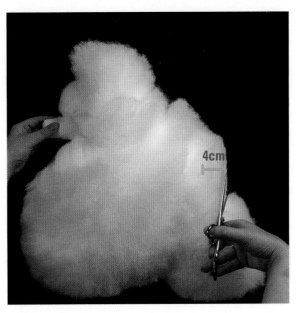

07 —————————————————————————

체장 뒷면을 커트할 때 대퇴를 약 4cm를 남겨서 수직으로 커트하고, 견체의 가랑이 아래방향 1~2cm 지점까지만 커트한다.

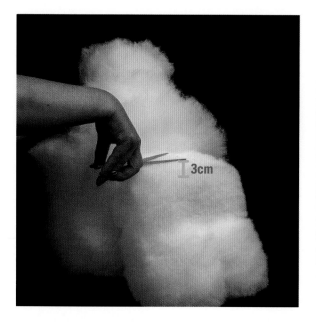

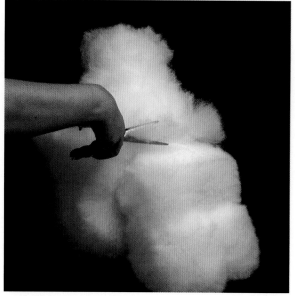

08

체고(몸 높이)는 백라인을 약 3cm를 남기고, 라스트립 (Last Rib) 뒤 약 1cm까지 수평으로 커트한다.

> **Tip** 탑노트 뒷면과 새들(백라인)을 곡선으로 연결하기 위하여 약 1cm의 여유를 두고 커트한다.

09

작업의 효율성을 위해 백라인 위를 덮는 불필요한 털을 커트한다.

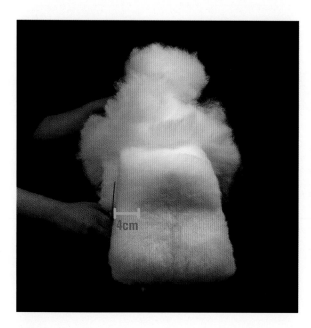

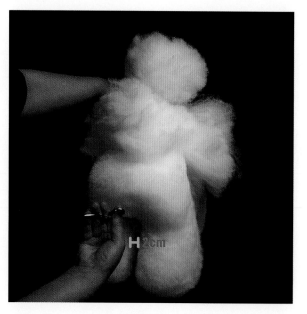

10

뒷다리 외측면은 꼬리 구멍 기준의 중심선에 따라서 좌우 대칭으로 작업하고, 외곽선을 부드러운 알파벳 A자 형태로 약 4cm를 남기고 커트한다.

11

뒷다리 내측면은 먼저 가랑이 아래방향 1~2cm 위치의 시작점을 수평으로 커트하고, 시작점부터 뒷다리 간격은 약 2cm를 유지하며, 11자 형태로 수직으로 커트한다.

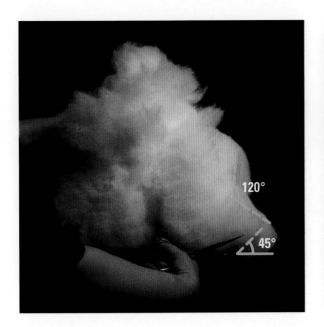

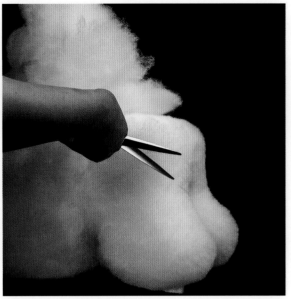

12 ───────────────────

호크는 지면과 45°각을 주어 좌우대칭으로 직선으로 커트한다. 앵귤레이션은 대퇴와 하퇴가 120°각을 이루고 길이 비율이 1:1이 되도록 좌우대칭으로 커트한다.

13 ───────────────────

뒷다리 라운딩은 앵귤레이션, 호크, 풋라인을 곡선으로 연결하면서 라운딩한다.

CAUTION 새들 표현을 위하여 엉덩이를 아치형으로 라운딩하지 않는다.

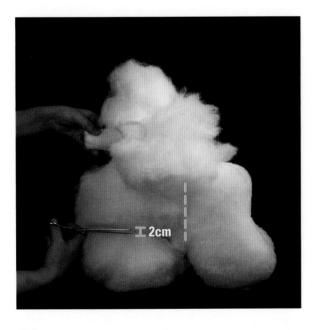

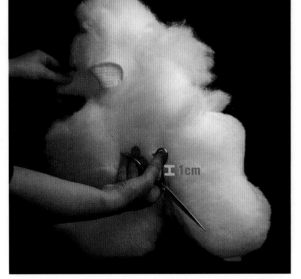

14 ───────────────────

자켓 아웃라인(틀 작업)은 먼저 자켓 언더라인을 흉부 아래 약 2cm 지점을 기준하여 수평으로 커트하고, 파팅라인을 라스트립을 기준하여 수직으로 커트한다.

15 ───────────────────

새들 브레이슬릿 아웃라인(틀 작업)은 먼저 턱업 아래 약 1cm 지점을 수평으로 커트하고, 뒷다리 앞면을 어퍼 브레이슬릿과 버텀 브레이슬릿 크기를 고려하여 곡선으로 커트한다.

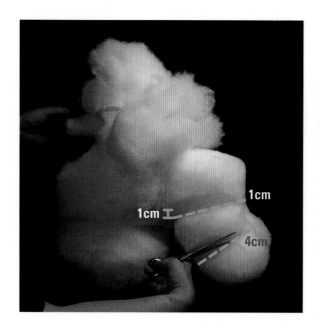

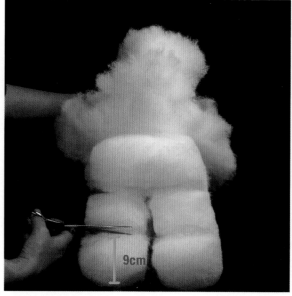

16 _____

새들 아랫선은 턱업 아래 약 1cm 지점에서 가랑이 아래 약 1cm 지점을 향하여 사선으로 커트한다. 어퍼 브레이슬릿 아랫선은 호크 위 약 4cm 지점을 기준하여 약 45° 각을 주어 사선으로 커트한다.

17 _____

새들 아랫선과 어퍼 브레이슬릿 아랫선을 좌우대칭으로 커트한다.

(Tip) 버텀 브레이슬릿 지름을 약 9cm로 작업한다.

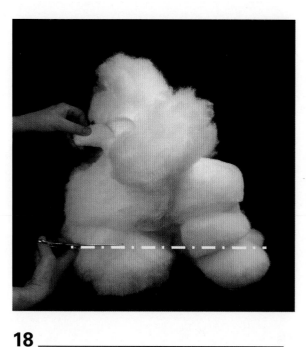

18 _____

프론트 브레이슬릿 윗선(높이)은 버텀 브레이슬릿 윗선(높이)에 맞추어 수평으로 커트한다.

19 _____

앞다리 클리핑은 자켓 언더라인과 프론트 브레이슬릿 사이를 수평으로 클리핑한다.

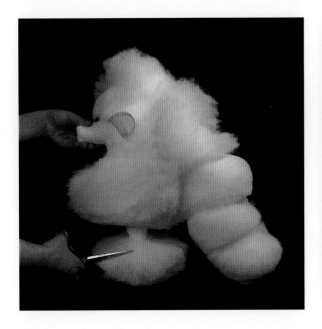

20 _____

프론트 브레이슬릿 둘레를 약 4cm를 남기고 커트한다.

> (Tip) 프론트 브레이슬릿 지름을 약 9cm로 작업한다.

21 _____

자켓 라운딩은 탑노트(셋업 부위)를 제외하고, 넥라인-흉골단-자켓 언더라인-파팅라인을 곡선으로 연결한다. 흉골단 기준으로 앞가슴과 자켓의 좌우 외측면에 볼륨감을 주어 라운딩한다.

22 _____

자켓 언더라인과 파팅라인이 명확하게 보이도록 좌우대칭으로 라운딩한다.

23 _____

새들 브레이슬릿 라운딩은 새들부터 내려가면서 작업하고, 어퍼 브레이슬릿과 버텀 브레이슬릿을 구분하여 라운딩한다.

> (Tip) 새들(Saddle)은 팩(Pack)이라고도 부르고, 윗면은 평평(Flat)하다. 윗면과 측면은 사각 형태이고 사각 모서리를 조금 라운딩한다.

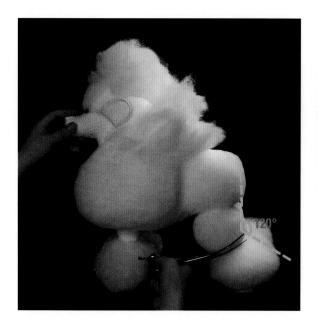

24 _____

어퍼 브레이슬릿은 새들 후면(좌골단) 기준의 수직선에 브레이슬릿 후면을 맞추어 라운딩한다.

(Tip) 어퍼 브레이슬릿의 크기(지름)를 조정하여 앵귤레이션을 강조할 수 있다.

25 _____

버텀 브레이슬릿은 호크 부위 털을 약 4cm 이상 남겨서 라운딩하고, 호크(45˚)와 앵귤레이션(120˚)을 강조한다.

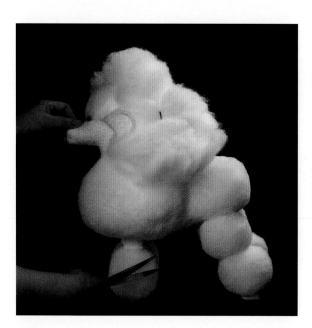

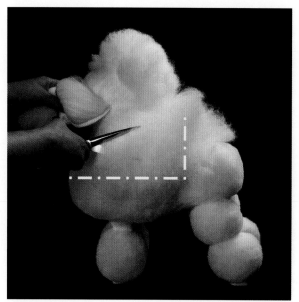

26 _____

프론트 브레이슬릿은 버텀 브레이슬릿 크기에 맞추어 라운딩한다.

27 _____

탑노트 밴딩은 먼저 탑노트를 고정했던 밴드를 밴딩가위로 제거하고, 핀브러쉬로 브러싱하여 털을 가지런히 정리한다. 탑노트 좌우 측면의 불필요한 털은 흉골단을 기준하여 제거하고, 탑노트 후면의 불필요한 털은 파팅라인을 기준하여 제거한다.

28 _____

첫 번째 섹션은 꼬리빗을 사용하여 좌·우 눈꼬리 뒤 약 1cm 지점에서 머리 위로 반원을 그리며 나눈다.

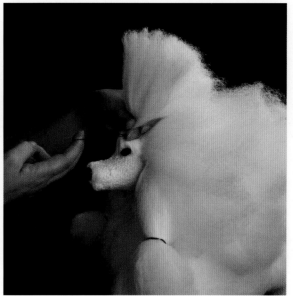

29 _____

첫 번째 섹션을 한 손으로 잡고, 고무줄로 단단히 밴딩한다.

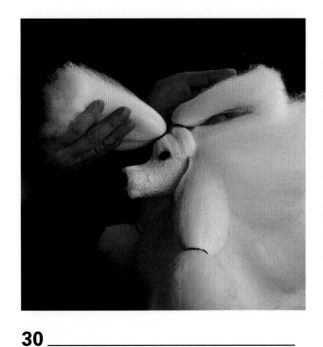

30 _____

두 번째 섹션은 꼬리빗을 사용하여 좌우 귀뿌리 앞에서 머리 위로 반원을 그리며 나눈다. 두 번째 섹션을 한 손으로 잡고, 고무줄로 단단히 밴딩한다.

31 _____

스웰은 먼저 첫 번째 섹션의 고무줄을 콤 끝을 사용하여 뒤로 당겨 불룩하게 만든다.

32 _____

꼬리빗이나 엄지와 집게손가락을 사용하여 스웰 모양을
보완하고 고정한다.

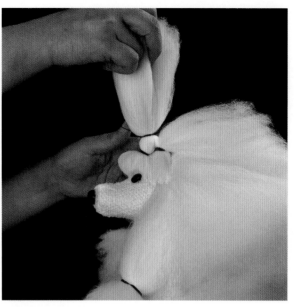

33 _____

첫 번째 섹션과 두 번째 섹션 일부(1/3)를 하나로 단단히
밴딩한다.

34 _____

탑노트 셋업은 먼저 한 겹(Layer)을 앞으로 코밍하여 코
밍한 후면에 스프레잉(Spraying)한다.

35 _____

탑노트 앞면에 헤어스프레이를 가볍게 분사하여 고정한다.

36 _____

탑노트를 옥시풋까지 부채꼴(180°) 형태로 안에서 밖으로 펼치면서 코밍하고, 겹겹이(Layer by Layer) 코밍과 스프레잉하여 탑노트를 붙인다.

> (Tip) 탑노트는 옥시풋까지 부채꼴로 붙이고, 옥시풋부터 등 위까지는 수직으로 모아서 붙인다. 탑노트를 붙이는 과정에서 점차적으로 부채꼴 각이 작아진다.

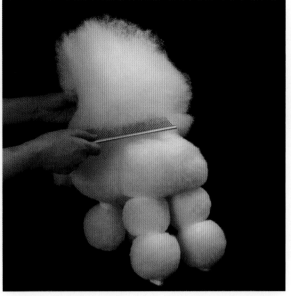

37 _____

탑노트 좌·우 측면과 후면의 털을 모아서 붙이고, 털 끝을 코밍하여 정리한다.

38 _____

탑노트 앞면과 좌·우 측면을 가볍게 브러싱 또는 코밍하여 정리한다.

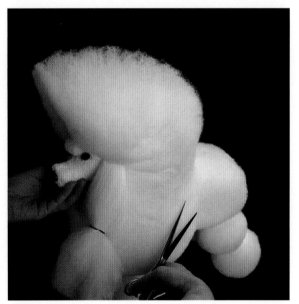

39 _____

탑노트 라운딩은 먼저 탑노트 윗면(높이)을 스톱 기준으로 스톱-흉골단 길이와 같은 길이로 라운딩하고, 탑노트 좌우 측면(갈기)을 라운딩한다.

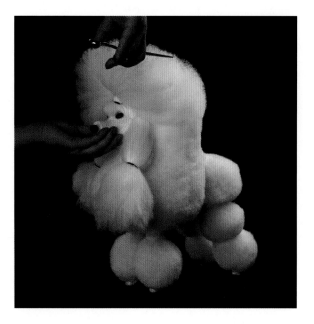

40 ─────────────────────────────

면처리는 탑노트부터 내려오면서 작업하고, 탑노트-자켓-새들-브레이슬릿 순으로 좌우대칭으로 매끈하게 면처리한다.

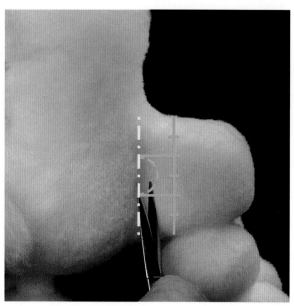

41 ─────────────────────────────

키드니패치는 초승달 모양(Crescent-shaped Indentation)이고, 측면에서 볼 때 파팅라인 뒤에서 새들 3등분 중간에 위치한다. 가위날 끝 또는 클리퍼날 모서리로 작업할 수 있다.

CAUTION 키드니패치(Kidney Patch)가 파팅라인 앞으로 넘어가거나 뒷다리 앞면을 넘어가지 않도록 주의한다.

42 ─────────────────────────────

폼폰은 커브가위를 사용하여 지름이 약 8cm가 되는 구 형태로 라운딩한다.

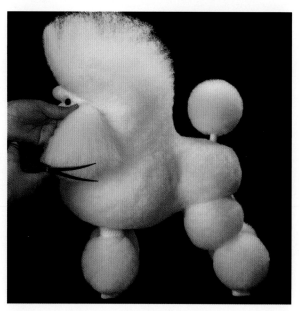

43 ─────────────────────────────

이어 프린지는 흉골단 위치에서 좌우대칭으로 커트한다.

반려견스타일리스트 실기

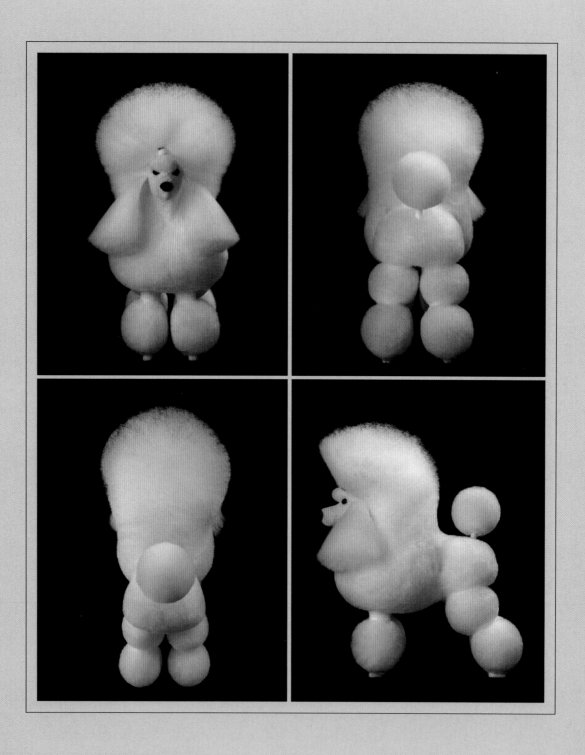

10 ◇ ENGLISH SADDLE CLIP

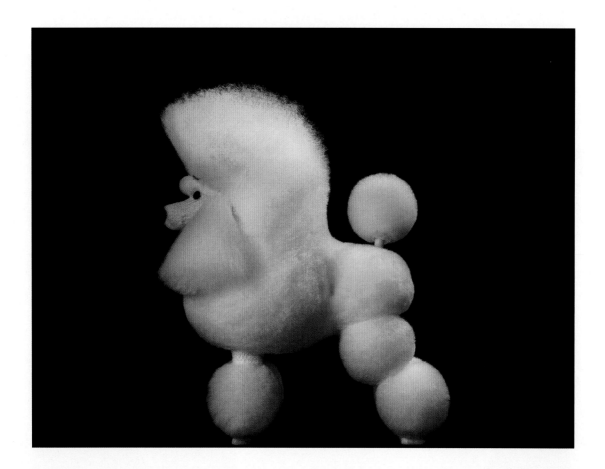

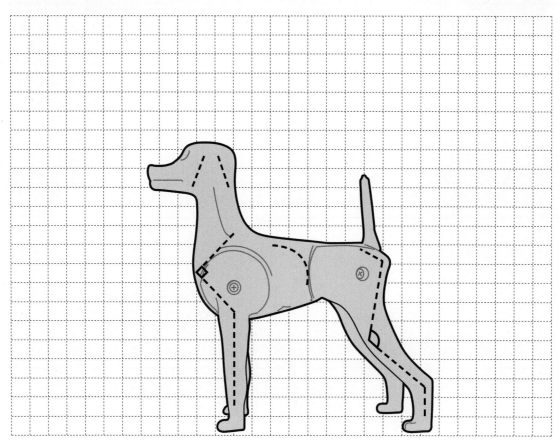

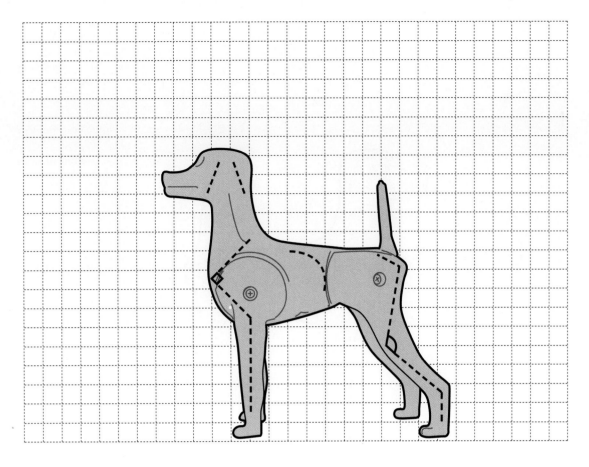

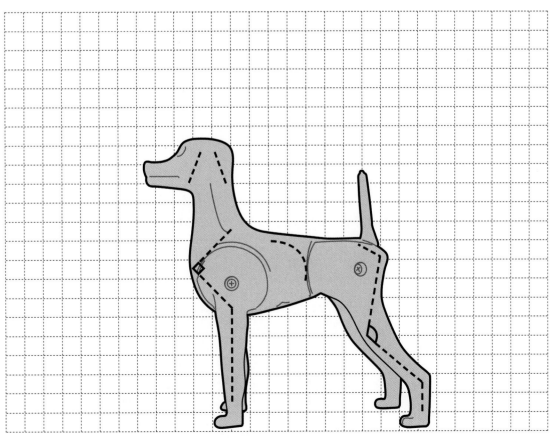

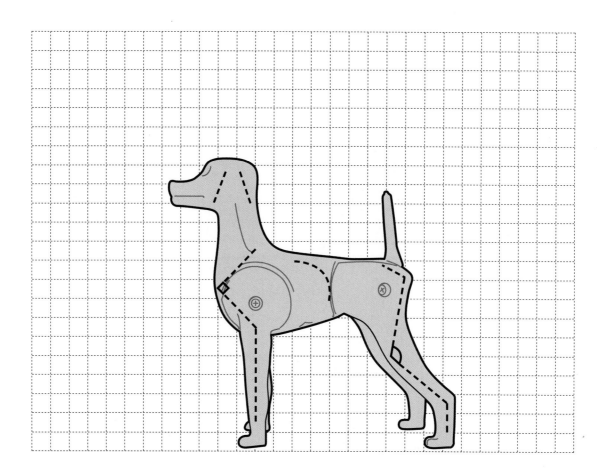

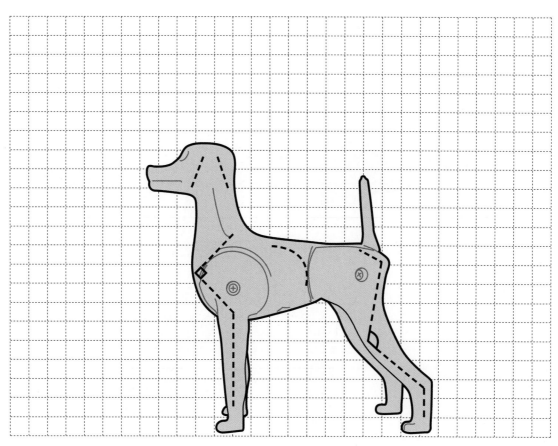

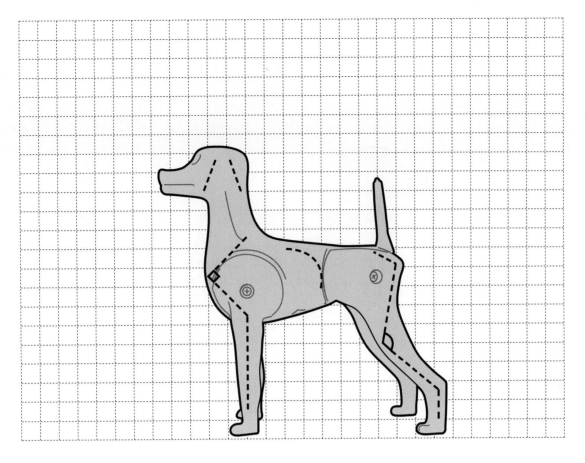

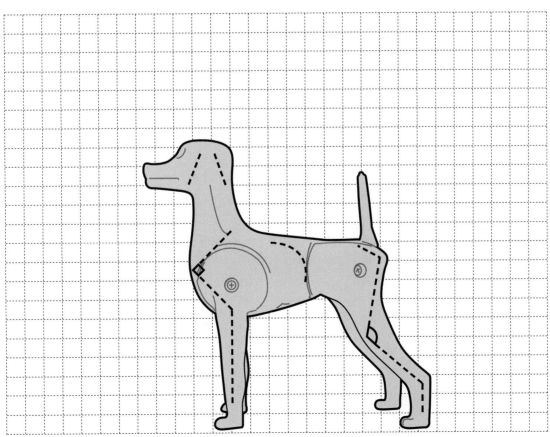

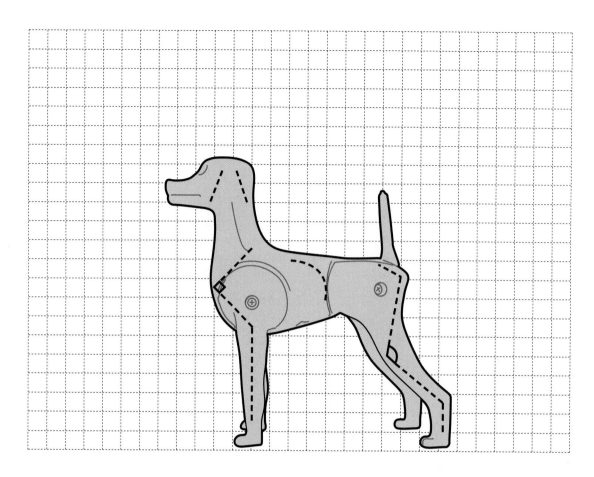

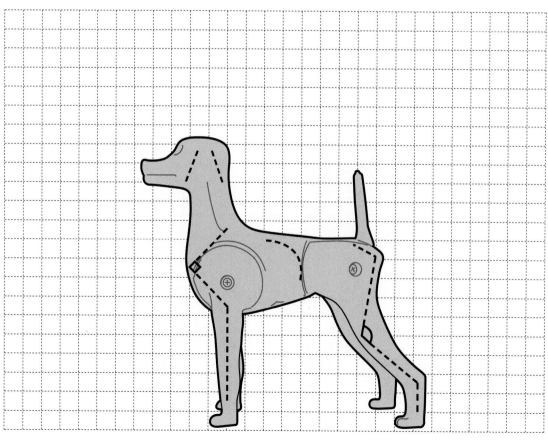

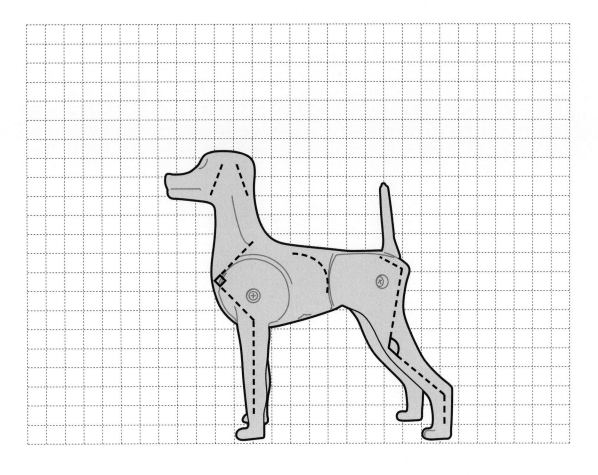